아이는 스스로 생각하고 매일 성장합니다.
부모가 아이를 존중하고 그 가능성을 믿을 때
새로운 문제들을 스스로 해결해 나갈 수 있습니다.

<기적의 학습서>는 아이가 주인공인 책입니다.
탄탄한 실력을 만드는 체계적인 학습법으로
아이의 공부 자신감을 높여 줍니다.

아이의 가능성과 꿈을 응원해 주세요.
아이가 주인공인 분위기를 만들어 주고,
작은 노력과 땀방울에 큰 박수를 보내 주세요.
<기적의 학습서>가 자녀 교육에 힘이 되겠습니다.

기적의 계산법 응용 up

초등 4학년 7권

기적의 계산법 응용UP • 7권

초판 발행 2021년 1월 15일
초판 7쇄 발행 2023년 6월 5일

지은이 기적학습연구소
발행인 이종원
발행처 길벗스쿨
출판사 등록일 2006년 7월 1일
주소 서울시 마포구 월드컵로 10길 56(서교동)
대표 전화 02)332-0931 | **팩스** 02)333-5409
홈페이지 school.gilbut.co.kr | **이메일** gilbut@gilbut.co.kr

기획 김미숙(winnerms@gilbut.co.kr) | **책임편집** 양민희
제작 이준호, 손일순, 이진혁 | **영업마케팅** 문세연, 박다슬 | **웹마케팅** 박달님, 정유리, 윤승현
영업관리 김명자, 정경화 | **독자지원** 윤정아, 최희창
디자인 정보라 | **표지 일러스트** 김다예 | **본문 일러스트** 류은형
전산편집 글사랑 | **CTP 출력·인쇄·제본** 벽호

▶ 본 도서는 '절취선 형성을 위한 제본용 접지 장치(Folding apparatus for bookbinding)' 기술 적용도서입니다.
특허 제10-2301169호
▶ 잘못 만든 책은 구입한 서점에서 바꿔 드립니다.

ISBN 979-11-6406-301-7 64410
(길벗스쿨 도서번호 10728)

정가 9,000원

기적학습연구소 **수학연구원 엄마**의 **고군분투서!**

저는 게임과 유튜브에 빠져 공부에는 무념무상인 아들을 둔 엄마입니다.
오늘도 아들이 조금 눈치를 보는가 싶더니 '잠깐만, 조금만'을 일삼으며 공부를 내일로 또 미루네요.
'그래, 공부보다는 건강이지.' 스스로 마음을 다잡다가도 고학년인데 여전히 공부에
관심이 없는 녀석의 모습을 보고 있자니 저도 모르게 한숨이…… .

5학년이 된 아들이 일주일에 한두 번씩 하교 시간이 많이 늦어져서 하루는 앉혀 놓고 물어봤습니다.
수업이 끝나고 몇몇 아이들은 남아서 틀린 수학 문제를 다 풀어야만 집에 갈 수 있다고 하더군요.
맙소사, 엄마가 회사에서 수학 교재를 십수 년째 만들고 있는데, 아들이 수학 나머지 공부라니요? 정신이 번쩍 들었습니다.
저학년 때는 어쩌다 반타작하는 날이 있긴 했지만 곧잘 100점도 맞아 오고 해서 '그래, 머리가 나쁜 건 아니야.' 하고 위안을 삼으며 '아직 저학년이잖아. 차차 나아지겠지.'라는 생각에 공부를 강요하지 않았습니다.
그런데 아이는 어느새 훌쩍 자라 여느 아이들처럼 수학 좌절감을 맛보기 시작하는 5학년이 되어 있었습니다.

학원에 보낼까 고민도 했지만, 그래도 엄마가 수학 전문가인데… 영어면 모를까 내 아이 수학 공부는 엄마표로 책임져 보기로 했습니다.
아이도 나머지 공부가 은근 자존심 상했는지 엄마의 제안을 순순히 받아들이더군요. 매일 계산법 1장, 문장제 1장, 초등수학 1장씩 수학 공부를 시작했습니다. 하지만 기초도 부실하고 학습 습관도 안 잡힌 녀석이 갑자기 하루 3장씩이나 풀다보니 힘에 부쳤겠지요.
호기롭게 시작한 수학 홈스터디는 공부량을 줄이려는 아들과의 전쟁으로 변질되어 갔습니다. 어떤 날은 애교와 엄살로 3장이 2장이 되고, 어떤 날은 울음과 샤우팅으로 3장이 아예 없던 일이 되어버리는 등 괴로움의 연속이었죠. 문제지 한 장과 게임 한 판의 딜이 오가는 일도 비일비재했습니다. 곧 중학생이 될 텐데… 엄마만 조급하고 녀석은 점점 잔꾀만 늘어가더라고요. 안 하느니만 못한 수학 공부 시간을 보내며 더이상 이대로는 안 되겠다 싶은 생각이 들었습니다. 이 전쟁을 끝낼 묘안이 절실했습니다.
우선 아이의 공부력에 비해 너무 과한 욕심을 부리지 않기로 했습니다. 매일 퇴근길에 계산법 한쪽과 문장제 한쪽으로 구성된 아이만의 맞춤형 수학 문제지를 한 장씩 만들어 갔지요. 그리고 아이와 함께 풀기 시작했습니다. 앞장에서 꼭 필요한 연산을 익히고, 뒷장에서 연산을 적용한 문장제나 응용문제를 풀게 했더니 응용문제도 연산의 연장으로 받아들이면서 어렵지 않게 접근했습니다. 아이 또한 확 줄어든 학습량에 아주 만족해하더군요. 물론 평화가 바로 찾아온 것은 아니었지만, 결과는 성공적이었다고 자부합니다.

이 경험은 <기적의 계산법 응용UP>을 기획하고 구현하게 된 시발점이 되었답니다.

1. 학습 부담을 줄일 것! 딱 한 장에 앞 연산, 뒤 응용으로 수학 핵심만 공부하게 하자.
2. 문장제와 응용은 꼭 알아야 하는 학교 수학 난이도만큼만! 성취감, 수학자신감을 느끼게 하자.
3. 욕심을 버리고, 매일 딱 한 장만! 짧고 굵게 공부하는 습관을 만들어 주자.

이 책은 위 세 가지 덕목을 갖추기 위해 무던히 애쓴 교재입니다.

<기적의 계산법 응용UP>이 저와 같은 고민으로 괴로워하는 엄마들과 언젠가는 공부하는 재미에 푹 빠지게 될 아이들에게 울트라 종합비타민 같은 선물이 되길 진심으로 바랍니다.

길벗스쿨 기적학습연구소에서

매일 한 장으로 완성하는 응용UP 학습설계

Step 1

핵심개념 이해

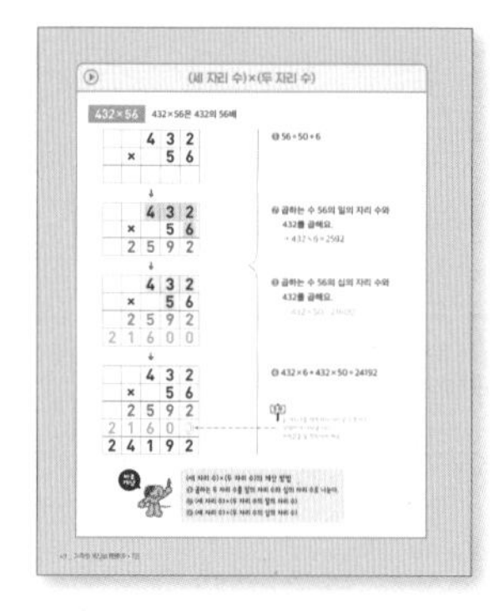

▶ 단원별 핵심 내용을 시각화하여 정리하였습니다. 연산방법, 개념 등을 정확하게 이해한 다음, 사진을 찍듯 머릿속에 담아 두세요. 개념정리만 묶어 나만의 수학개념모음집을 만들어도 좋습니다.

Step 2

연산+응용 균형학습

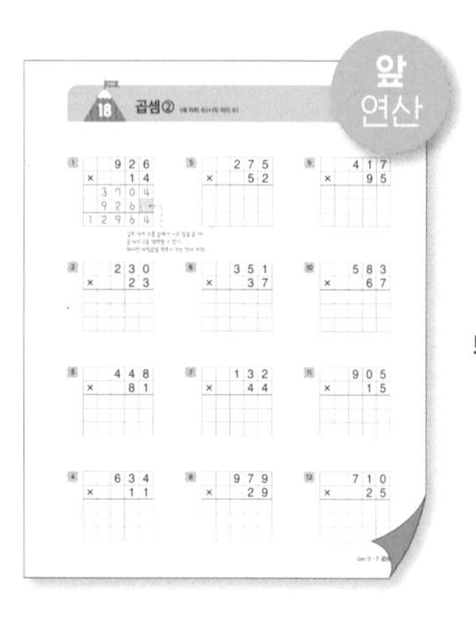

뒤집으면

▶ 앞 연산, 뒤 응용으로 구성되어 있어 매일 한 장 학습으로 연산훈련 뿐만 아니라 연산적용 응용문제까지 한번에 학습할 수 있습니다. 매일 한 장씩 뜯어서 균형잡힌 연산 훈련을 해 보세요.

Step 3

평가로 실력점검

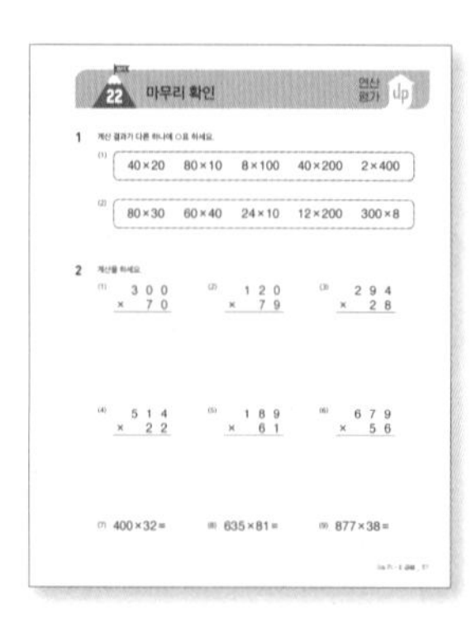

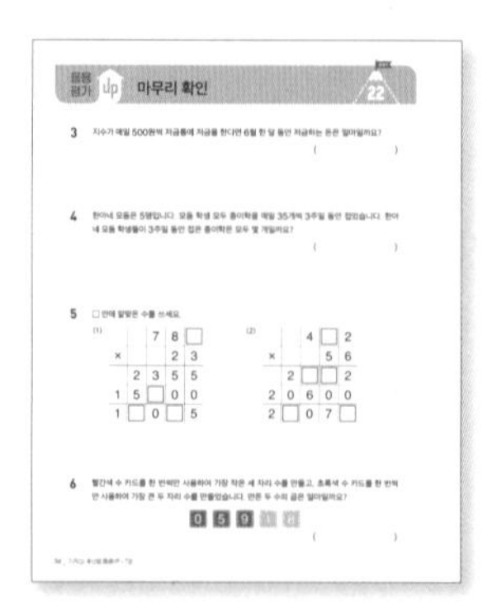

▶ 점수도 중요하지만, 얼마나 이해하고 있는지를 아는 것이 더 중요합니다. 배운 내용을 꼼꼼하게 확인하고, 틀린 문제는 앞으로 돌아가 한번 더 연습하세요.

Step 2 연산+응용 균형학습

▶ 매일 연산+응용으로 균형 있게 훈련합니다.

매일 하는 수학 공부, 연산만 편식하고 있지 않나요?
수학에서 연산은 에너지를 내는 탄수화물과 같지만,
그렇다고 밥만 먹으면 영양 불균형을 초래합니다.
튼튼한 근육을 만드는 단백질도 꼭꼭 챙겨 먹어야지요.
기적의 계산법 응용UP은 매일 한 장 학습으로
계산력과 응용력을 동시에 훈련할 수 있도록 만들었습니다.
앞에서 연산 반복훈련으로 속도와 정확성을 높이고,
뒤에서 바로 연산을 활용한 응용 문제를 해결하면서
문제이해력과 연산적용력을 키울 수 있습니다.
균형잡힌 연산 + 응용으로 수학기본기를 빈틈없이 쌓아 나갑니다.

▶ 다양한 응용 유형으로 폭넓게 학습합니다.

반복연습이 중요한 연산, 유형연습이 중요한 응용!
문장제형, 응용계산형, 빈칸추론형, 논리사고형 등 다양한 유형의 응용 문제에 연산을 적용해 보면서
연산에 대한 수학적 시야를 넓히고, 튼튼한 수학기초를 다질 수 있습니다.

| 문장제형 |

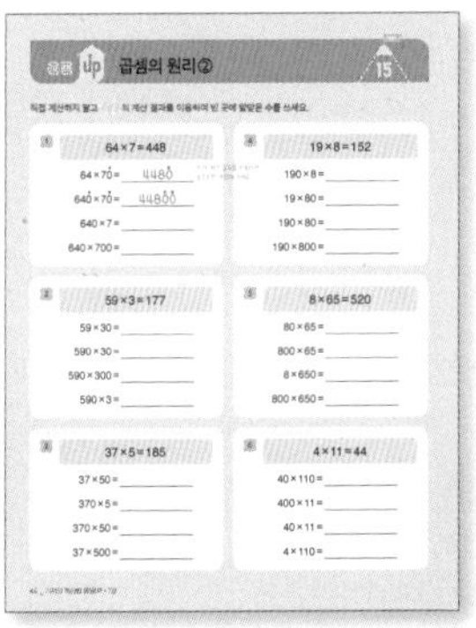
| 응용계산형 |

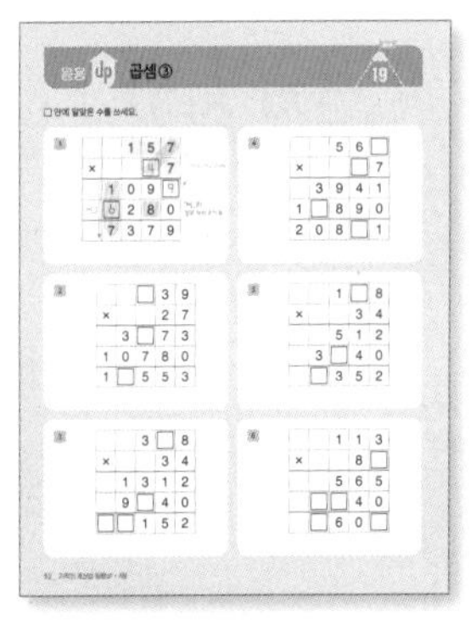
| 빈칸추론형 |

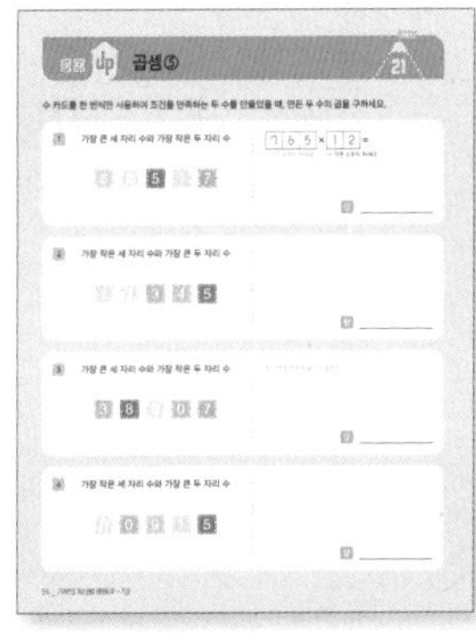
| 논리사고형 |

▶ 뜯기 한 장으로 언제, 어디서든 공부할 수 있습니다.

한 장씩 뜯어서 사용할 수 있도록 칼선 처리가 되어 있어
언제 어디서든 필요한 만큼 쉽게 공부할 수 있습니다.
매일 한 장씩 꾸준히 풀면서 공부 습관을 길러 봅니다.

차 례

01 큰 수

· 학습계열표 ·

이전에 배운 내용

2-2 네 자리 수
- 네 자리 수
- 자연수 체계, 자릿값

▼

지금 배울 내용

4-1 큰 수
- 만, 다섯 자리 수
- 억, 조
- 자연수 체계, 자릿값

▼

앞으로 배울 내용

5-1 약수와 배수
- 약수, 공약수, 최대공약수
- 배수, 공배수, 최소공배수

• 학습기록표 •

학습 일차	학습 내용	날짜	맞은 개수	
			연산	응용
DAY 1	**다섯 자리 수①** 만, 몇만	/	/8	/4
DAY 2	**다섯 자리 수②** 다섯 자리 수의 구성	/	/6	/1
DAY 3	**다섯 자리 수③** 다섯 자리 수 읽기/쓰기	/	/10	/4
DAY 4	**다섯 자리 수④** 다섯 자리 수의 자릿값	/	/4	/3
DAY 5	**큰 수①** 큰 수 알기	/	/1	/1
DAY 6	**큰 수②** 큰 수 읽기	/	/5	/3
DAY 7	**큰 수③** 큰 수 쓰기	/	/5	/4
DAY 8	**큰 수④** 큰 수 쓰기	/	/4	/4
DAY 9	**큰 수⑤** 큰 수의 자릿값	/	/4	/3
DAY 10	**큰 수⑥** 큰 수의 자릿값	/	/14	/8
DAY 11	**뛰어 세기**	/	/6	/4
DAY 12	**수의 크기 비교**	/	/14	/4
DAY 13	**마무리 확인**	/	/14	

책상에 붙여 놓고
매일매일 기록해요.

만, 몇만

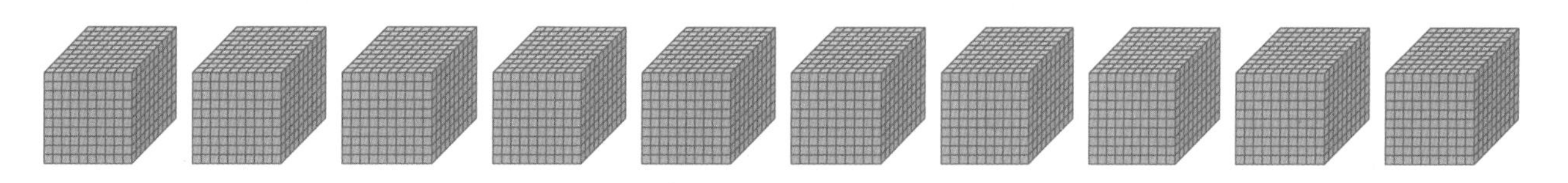

1000이 10개인 수
- 쓰기 10000
- 읽기 만

10000을 설명하는 여러 가지 방법
- 1000이 10개인 수
- 100이 100개인 수
- 10이 1000개인 수
- 1이 10000개인 수
- 9999보다 1 큰 수
- 9990보다 10 큰 수
- 9900보다 100 큰 수
- 9000보다 1000 큰 수

10000이 2개인 수
- 쓰기 20000
- 읽기 이만

수	10000이 2	10000이 3	10000이 4	……	10000이 9
쓰기	20000	30000	40000	……	90000
읽기	이만	삼만	사만	……	구만

십만, 백만, 천만, 억, 조

100000	십만	← 만이 10개인 수, 0이 5개
1000000	백만	← 만이 100개인 수, 0이 6개
10000000	천만	← 만이 1000개인 수, 0이 7개
100000000	일억	← 천만이 10개인 수, 0이 8개
1000000000000	일조	← 천억이 10개인 수, 0이 12개

다섯 자리 수와 자릿값

만의 자리	천의 자리	백의 자리	십의 자리	일의 자리	
9	5	6	4	7	95647에서
		↓			
9	0	0	0	0	9는 만의 자리 숫자이고, 90000을 나타냅니다.
	5	0	0	0	5는 천의 자리 숫자이고, 5000을 나타냅니다.
		6	0	0	6은 백의 자리 숫자이고, 600을 나타냅니다.
			4	0	4는 십의 자리 숫자이고, 40을 나타냅니다.
				7	7은 일의 자리 숫자이고, 7을 나타냅니다.

95647 = 90000 + 5000 + 600 + 40 + 7 **읽기** 구만 오천육백사십칠

큰 수의 자릿값

8	6	4	9	6	8	5	9	4	3	2	9	1	3	2	4
천	백	십	일	천	백	십	일	천	백	십	일	천	백	십	일
			조				억				만				일

8649685943291324 = 조 8649개 + 억 6859개 + 만 4329개 + 일 1324개

읽기 팔천육백사십구조 육천팔백오십구억 사천삼백이십구만 천삼백이십사

수를 읽을 때 일의 자리 숫자부터 네 자리씩 끊어서 읽어요.

다섯 자리 수① 만, 몇만

□ 안에 알맞은 수를 쓰세요.

1 10000은 1000이 □개인 수입니다.

2 10000은 9000보다 □ 큰 수입니다.

3 10000은 9900보다 □ 큰 수입니다.

4 10000은 9990보다 □ 큰 수입니다.

5 10000은 9999보다 □ 큰 수입니다.

6 70000은 10000이 □개인 수입니다.

7 50000은 10000이 □개인 수입니다.

8 90000은 10000이 □개인 수입니다.

응용 UP 다섯 자리 수①

지폐 교환기를 이용하여 지폐 또는 동전으로 바꿔 보세요.

1

1000원짜리 지폐 ______ 장

2

10000원짜리 지폐 ______ 장

3

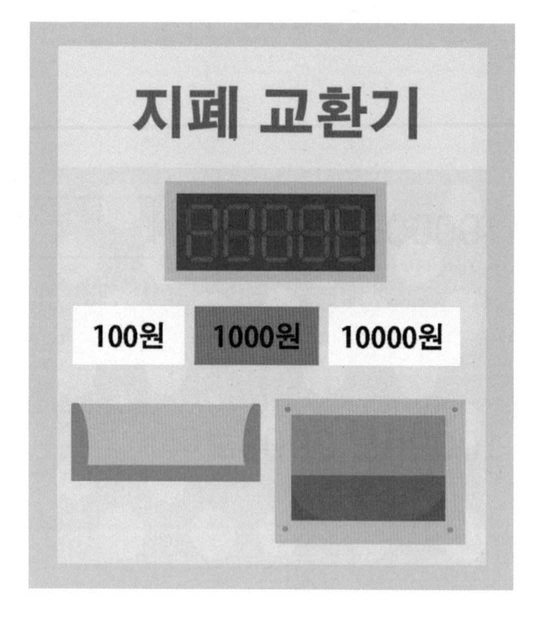

1000원짜리 지폐 ______ 장

4

1000원짜리 지폐 ______ 장

DAY 2

다섯 자리 수② 다섯 자리 수의 구성

연산 up

빈 곳에 알맞은 수를 쓰세요.

1
10000이 2개
1000이 3개
100이 7개 이면 23762
10이 6개
1이 2개

4
37165는
10000이 3 개
1000이 7 개
100이 1 개
10이 6 개
1이 5 개

2
10000이 7개
1000이 1개
100이 1개 이면 ______
10이 6개
1이 8개

5
51723은
10000이 ___개
1000이 ___개
100이 ___개
10이 ___개
1이 ___개

3
10000이 8개
1000이 0개
100이 4개 이면 ______
10이 5개
1이 9개

6
88104는
10000이 ___개
1000이 ___개
100이 ___개
10이 ___개
1이 ___개

응용 up 다섯 자리 수②

같은 수를 나타내는 것끼리 이으세요.

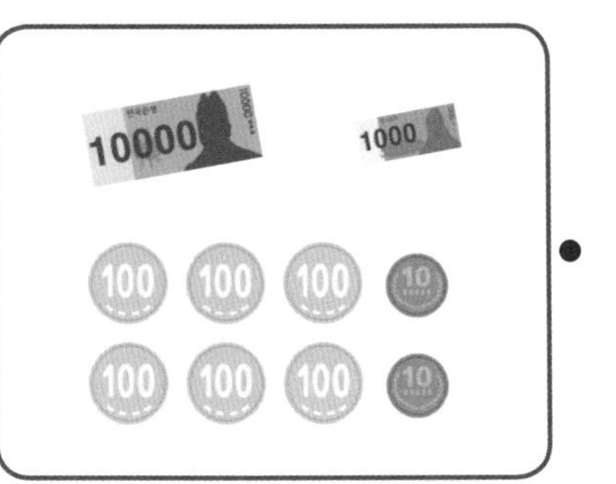

47053	10000이 4개, 1000이 7개, 10이 5개, 1이 3개인 수
11620	10000이 1개, 1000이 1개, 100이 6개, 10이 2개인 수
37303	10000이 3개, 1000이 7개, 10이 1개, 1이 3개인 수
14559	10000이 1개, 1000이 4개, 100이 5개, 10이 5개, 1이 9개인 수
40753	
37013	

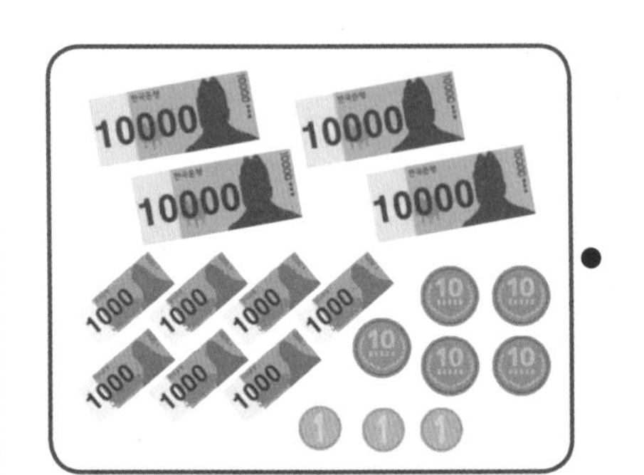

DAY 3

다섯 자리 수③ 다섯 자리 수 읽기 / 쓰기

다음을 수로 나타내거나 읽어 보세요.

1 33574 (만)

➡ 3만 3574

➡ 삼만 삼천오백칠십사

2 84951

➡

➡

3 27474

➡

➡

4 58277

➡

➡

5 29301

➡

➡

6 육만 사천구백이십삼

➡ 6만 4923

➡ 64923

7 구만 팔천백칠십삼

➡

➡

8 삼만 구천삼백육십일

➡

➡

9 만 칠천삼백이십이

➡

➡

10 팔만 사천이백오십구

➡

➡

응용 UP 다섯 자리 수③

DAY 3

영수증의 결제 금액을 읽어 보세요.

1

영수증

2020-11-16 15:30

고기만두	6,000원
김치만두	6,000원
김밥	3,800원
떡볶이	4,000원
튀김	3,500원
결제 금액	23,300원

감사합니다!

____________ 원

2

영수증

2020-11-09 09:30

쌀	32,960원
포도	8,850원
오징어	4,900원
대파	2,100원
고추	2,132원
무	1,500원
결제 금액	52,442원

감사합니다!

____________ 원

3

영수증

2020-09-16 20:30

바나나	5,980원
식빵	4,590원
우유	4,480원
두부	3,500원
삼겹살	25,935원
결제 금액	44,485원

감사합니다!

____________ 원

4

영수증

2020-04-07 11:30

고무장갑	4,530원
바나나우유	950원
김치	31,900원
아몬드	21,990원
닭	11,520원
봉투	30원
결제 금액	70,920원

감사합니다!

____________ 원

다섯 자리 수 ④ 다섯 자리 수의 자릿값

빈 곳에 알맞은 수를 쓰세요.

1

13782 ➡

	만의 자리	천의 자리	백의 자리	십의 자리	일의 자리
숫자	1		7		
나타내는 값	10000		700		

13782 = 10000 + ______ + 700 + ______ + ______

2

17247 ➡

	만의 자리	천의 자리	백의 자리	십의 자리	일의 자리
숫자					
나타내는 값					

17247 = ______ + ______ + ______ + ______ + ______

3

42354 ➡

	만의 자리	천의 자리	백의 자리	십의 자리	일의 자리
숫자					
나타내는 값					

42354 = ______ + ______ + ______ + ______ + ______

4

88045 ➡

	만의 자리	천의 자리	백의 자리	십의 자리	일의 자리
숫자					
나타내는 값					

88045 = ______ + ______ + ______ + ______ + ______

응용 UP 다섯 자리 수 ④

1 지영이는 수 카드를 모두 한 번씩 사용하여 만의 자리 숫자가 4인 가장 작은 다섯 자리 수를 만들었습니다. 지영이가 만든 수를 구하세요.

4 2 7 3 9

4	2	3		

만의 자리에 4를 먼저 쓰고 작은 수부터 차례대로!

답 ______

2 하은이는 수 카드를 모두 한 번씩 사용하여 십의 자리 숫자가 8인 가장 큰 다섯 자리 수를 만들었습니다. 하은이가 만든 수를 구하세요.

4 0 3 8 6

답 ______

3 상훈이는 수 카드를 모두 한 번씩 사용하여 천의 자리 숫자가 5인 가장 작은 다섯 자리 수를 만들었습니다. 상훈이가 만든 수를 구하세요.

5 2 8 0 1

답 ______

큰 수① 큰 수 알기

빈 곳에 알맞은 수나 말을 쓰세요.

	천조	백조	십조	조	천억	백억	십억	억	천만	백만	십만	만	천	백	십	일
일																1
십																
백														1	0	0
													1	0	0	0
만												1	0	0	0	0
											1	0	0	0	0	0
백만																
천만									1	0	0	0	0	0	0	0
억																
십억							1	0	0	0	0	0	0	0	0	0
백억																
					1	0	0	0	0	0	0	0	0	0	0	0
조				1	0	0	0	0	0	0	0	0	0	0	0	0
			1	0	0	0	0	0	0	0	0	0	0	0	0	0
백조																
천조	1	0	0	0	0	0	0	0	0	0	0	0	0	0	0	0

응용 UP 큰 수①

빈 곳에 알맞은 수나 말을 쓰세요.

쓰기																쓰기	읽기
천	백	십	일	천	백	십	일	천	백	십	일	천	백	십	일		
			조				억				만				일		
															1	1	일
																10	십
													1	0	0	100	
												1	0	0	0	1000	천
											1	0	0	0	0	1만	
										1	0	0	0	0	0	10만	십만
																	백만
								1	0	0	0	0	0	0	0	1000만	천만
																1억	
						1	0	0	0	0	0	0	0	0	0	10억	십억
																100억	백억
				1	0	0	0	0	0	0	0	0	0	0	0		천억
			1	0	0	0	0	0	0	0	0	0	0	0	0	1조	조
		1	0	0	0	0	0	0	0	0	0	0	0	0	0	10조	
																100조	
1	0	0	0	0	0	0	0	0	0	0	0	0	0	0	0	1000조	천조

(10 → 1000) 100 배

(10만 → 1억) 배

(100억 → 10조) 배

(100조 → 1000조) 배

큰 수② 큰 수 읽기

다음을 읽어 보세요.

1 4291|2101|9847|7360|
조 억 만 일

수를 읽을 때에는 일의 자리부터 네 자리씩 끊어 읽어.

➡ 4291조 2101억 9847만 7360

➡ 사천이백구십일조 이천백일억 구천팔백사십칠만 칠천삼백육십

2 31905746625

➡

➡

3 20067114298563

➡

➡

4 6622804595003015

➡

➡

5 902022518634790

➡

➡

응용 UP 큰 수②

다음은 정민이가 외국인 친구에게 우리나라를 소개하기 위해 조사한 대한민국 국가정보입니다. 물음에 답하세요.

대한민국
Republic of Korea

수도: 서울
국가: 애국가
언어: 한국어
건국일: 2333 B.C. (개국일)
1919년 4월 11일 (임시정부수립일)
1948년 8월 15일 (정부수립일)
위치: 아시아 대륙 동쪽 끝
면적: 100363 km^2
인구: 51780579명
GDP: 1조 7208억 9천만 달러

한국 또는 남한이라고 부른다. 남북으로 길게 뻗은 반도와 3,200여 개의 섬으로 이루어져 있다. 북쪽은 압록강과 두만강을 건너 중국의 만주와 러시아의 연해주에 접하고, 동쪽과 남쪽은 동해와 남해를 건너 일본에 면하며, 서쪽은 서해를 사이에 두고 중국 본토에 면한다. 중국, 일본 등과 함께 동아시아에 속한다. 행정구역은 1개의 특별시(서울특별시), 1개의 특별자치시(세종특별자치시), 6개의 광역시(부산광역시, 인천광역시, 대전광역시, 대구광역시, 광주광역시, 울산광역시), 1개의 특별자치도(제주특별자치도), 8개의 도로 이루어져 있다.

1 대한민국의 면적은 몇 km^2인지 읽어 보세요.

( ) km^2

2 대한민국의 인구는 몇 명인지 읽어 보세요.

( ) 명

3 대한민국의 GDP를 읽어 보세요.

( ) 달러

DAY 7

큰 수③ 큰 수 쓰기

연산 up

다음을 수로 나타내세요.

1 삼천삼백육십팔조 천삼백이십억 구백사만 오천육백팔십일

➡ 3368조 1320억 904만 5681

➡ 3368132009045681

2 천구백육십삼조 삼백삼십억 이천육백이십사만 삼십이

➡

➡

3 사천이백구십일조 이천백일억 구천팔백사십칠만 칠천삼백육십

➡

➡

4 오십삼조 삼천사백육십구억 칠백삼만 육천팔

➡

➡

5 이천이조 천칠백이십팔억 칠백십이만 이십

➡

➡

응용 up 큰 수③

지도를 보고 각 나라의 인구를 수로 나타내세요.

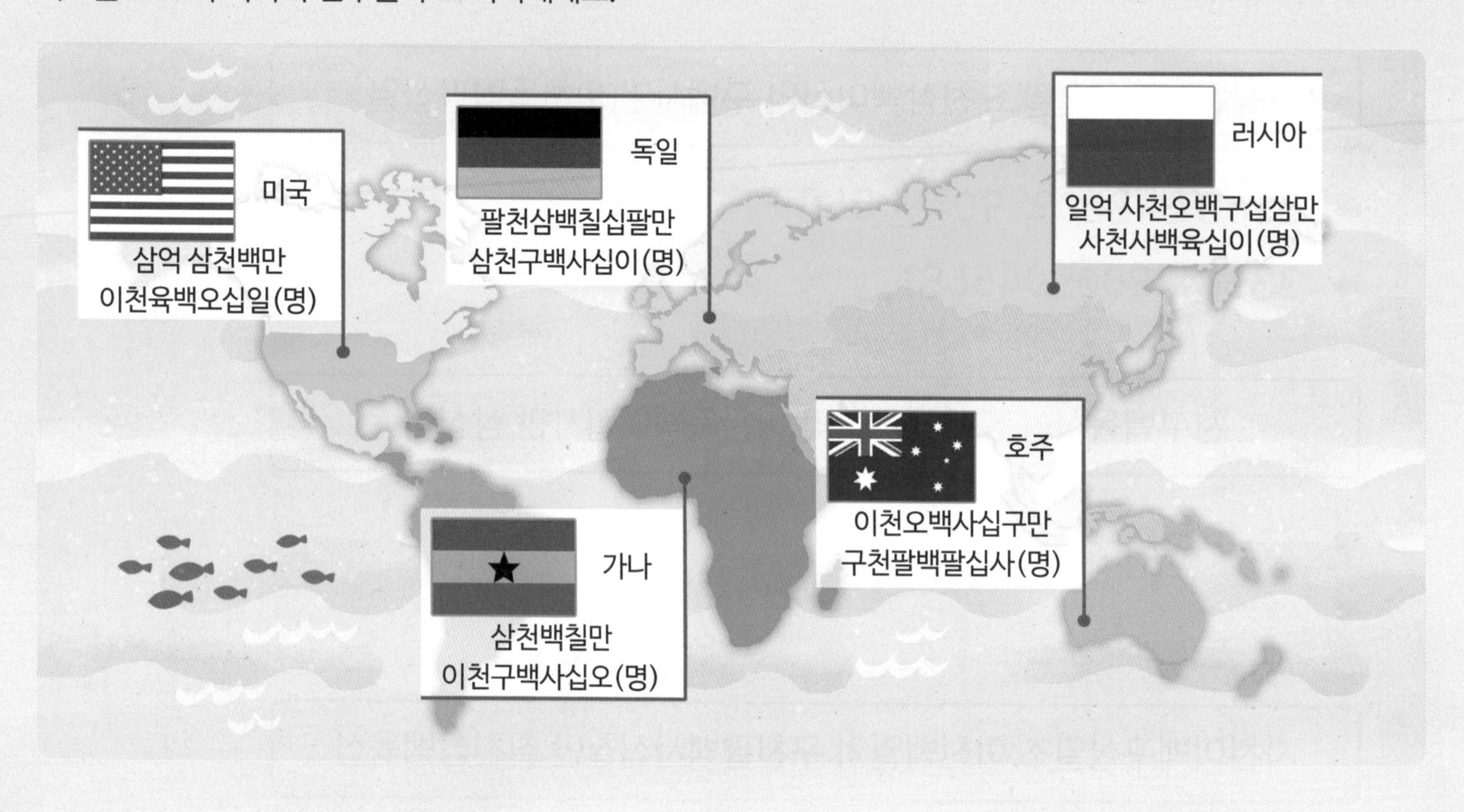

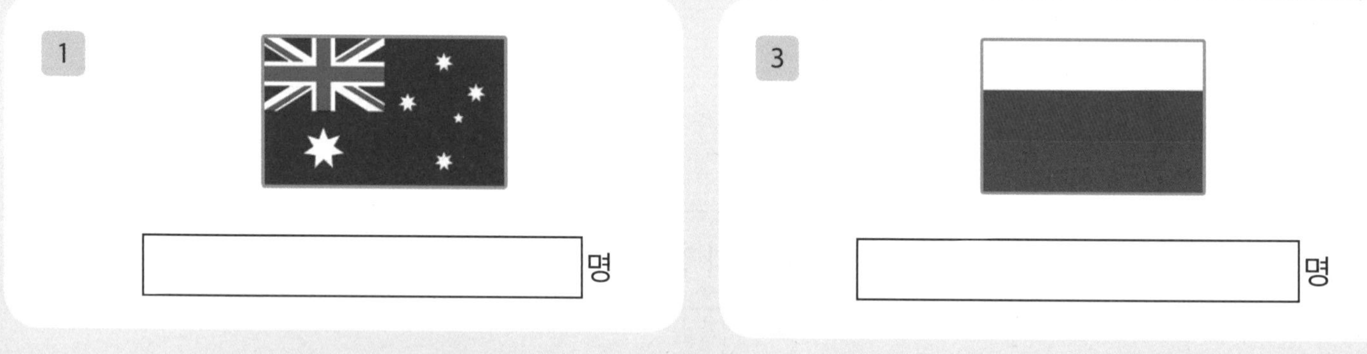

1 □ 명

3 □ 명

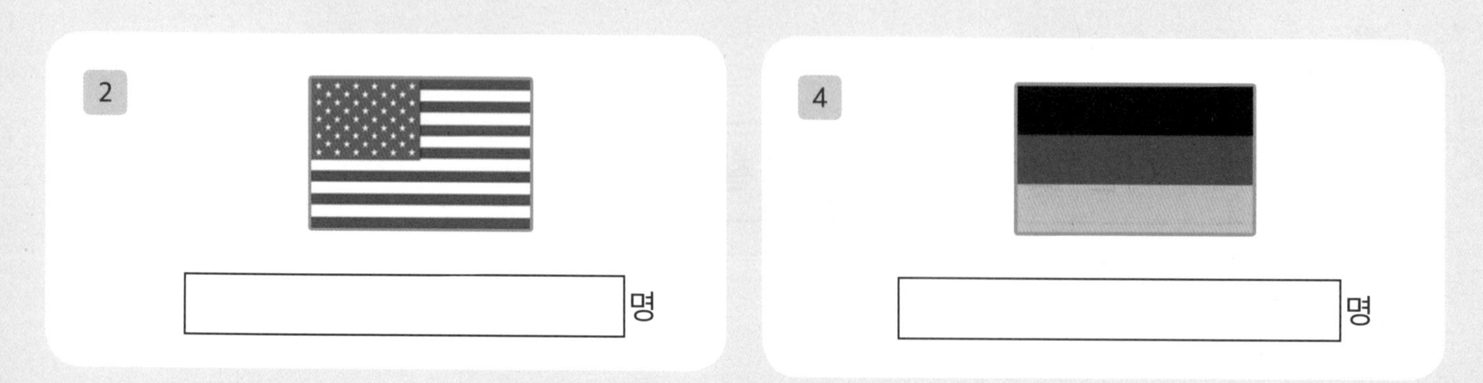

2 □ 명

4 □ 명

DAY 8

큰 수④ 큰 수 쓰기

연산 up

다음을 수로 나타내세요.

1 조가 1234개, 억이 423개, 만이 7071개, 일이 332개인 수

➡ 1234조 423억 7071만 332

➡ | 1 | 2 | 3 | 4 | 0 | 4 | 2 | 3 | 7 | 0 | 7 | 1 | 0 | 3 | 3 | 2 |

조 억 만 일

2 조가 45개, 억이 4731개, 만이 5815개, 일이 234개인 수

➡

➡

3 조가 2846개, 억이 6070개, 만이 715개, 일이 330개인 수

➡

➡

4 조가 845개, 억이 41개, 만이 105개, 일이 4785개인 수

➡

➡

응용 up 큰 수④

설명하는 수를 계산기에 나타내세요.

1

3

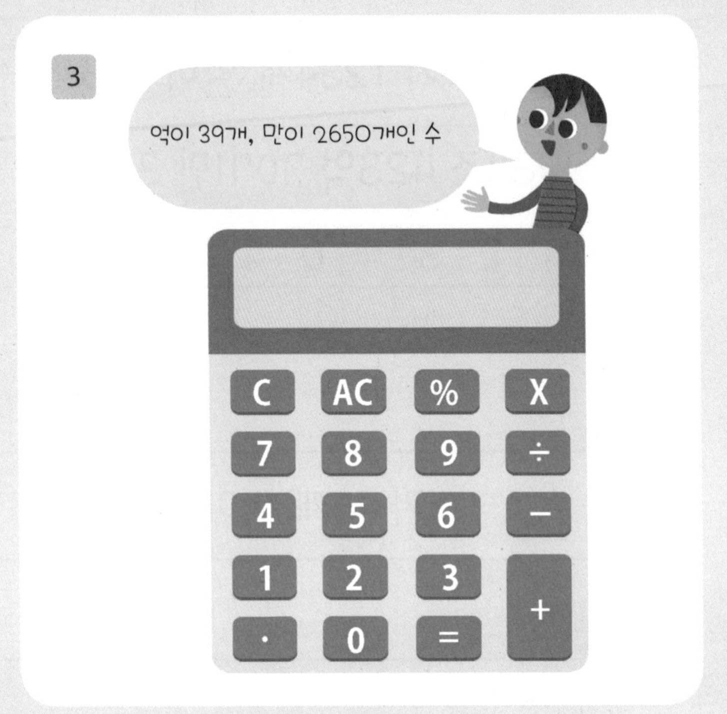

2

4

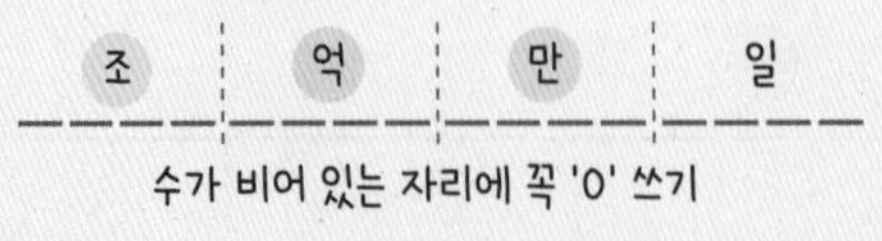

큰 수⑤ 큰 수의 자릿값

수를 보고 □ 안에 알맞은 수를 써넣으세요.

1 423547

십만의 자리 숫자는 □

만의 자리 숫자는 □

천의 자리 숫자는 □

백의 자리 숫자는 □

십의 자리 숫자는 □

일의 자리 숫자는 □

2 7117329274018256

천조의 자리 숫자는 □

십조의 자리 숫자는 □

백억의 자리 숫자는 □

십억의 자리 숫자는 □

천만의 자리 숫자는 □

만의 자리 숫자는 □

십의 자리 숫자는 □

3 5029701

백만의 자리 숫자는 □

십만의 자리 숫자는 □

만의 자리 숫자는 □

천의 자리 숫자는 □

백의 자리 숫자는 □

십의 자리 숫자는 □

일의 자리 숫자는 □

4 805678718925443

백조의 자리 숫자는 □

십조의 자리 숫자는 □

백억의 자리 숫자는 □

십억의 자리 숫자는 □

천만의 자리 숫자는 □

만의 자리 숫자는 □

십의 자리 숫자는 □

응용 up 큰 수⑤

보기 와 같이 구슬 6개로 여덟 자리 수를 만들었습니다. 수를 쓰고 읽어 보세요.

보기

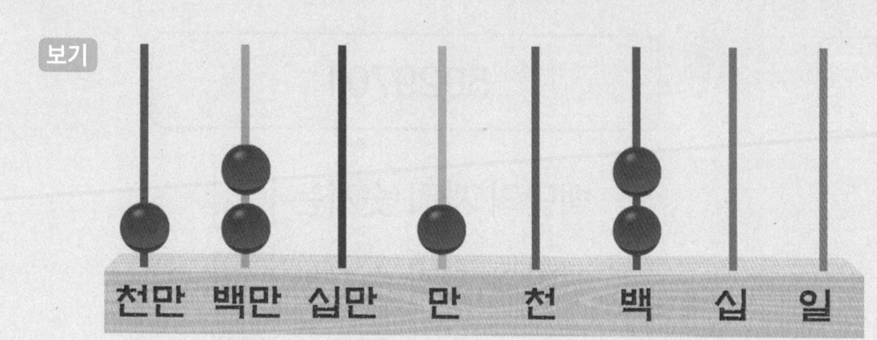

쓰기 12010200

읽기 천이백일만 이백

1

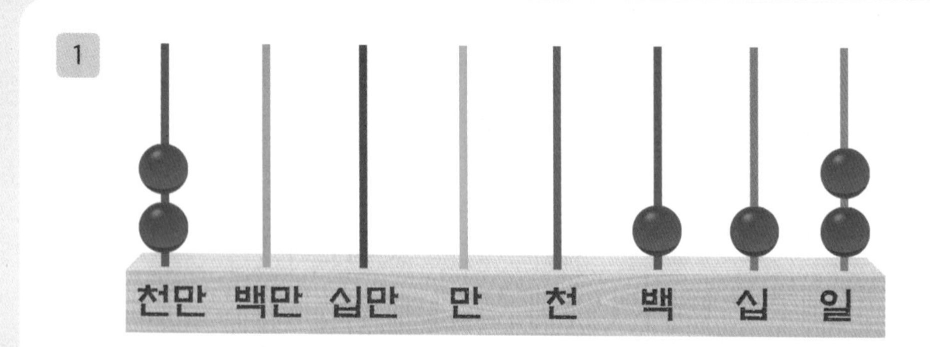

쓰기 ______________

읽기 ______________

2

천만 백만 십만 만 천 백 십 일

쓰기 ______________

읽기 ______________

3

천만 백만 십만 만 천 백 십 일

쓰기 ______________

읽기 ______________

DAY 10

큰 수⑥ 큰 수의 자릿값

연산 up

빨간색 수가 나타내는 값을 쓰세요.

1 123456

➡ 3000

2 190602

➡

3 12347133

➡

4 273522241399

➡

5 200704400779192

➡

6 450862151021134

➡

7 52683011389

➡

8 233957

➡

9 2001041

➡

10 31220009

➡

11 99681007

➡

12 19016521104202

➡

13 7010521795102852

➡

14 40078175022596

➡

응용 up 큰 수⑥

빨간색 수가 나타내는 수를 찾아 ○표 하세요.

1

4789135
700 7000 70000 700000 7000000

5

5910983
9 90 900 9000 90000

2

26399870
30 300 3000 30000 300000

6

17137
7 70 700 7000 70000

3

8823417566
2000 20000 200000 2000000 20000000

7

2264908
60 600 6000 60000 600000

4

980104302
100 1000 10000 100000 1000000

8

125676080
500 5000 50000 500000 5000000

DAY 11

뛰어 세기

연산 up

규칙에 따라 빈칸에 알맞은 수를 쓰세요.

1

2

3

4
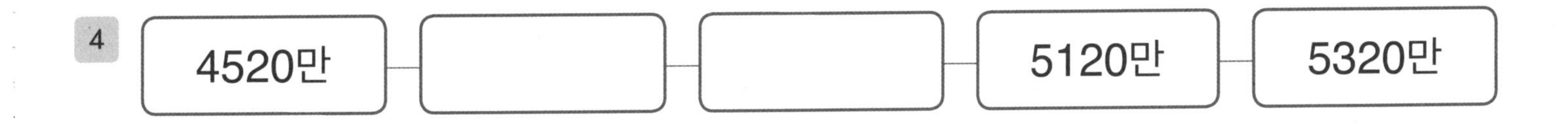

5
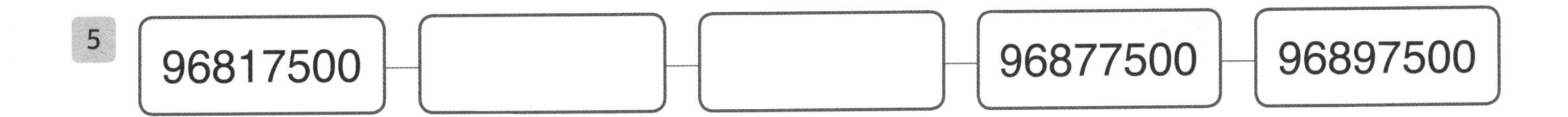

6

응용 UP 뛰어 세기

1 35억에서 25억씩 4번 뛰어 센 수는 얼마일까요?

35억→60억→85억→110억→135억

답 ____________________

2 42300000에서 200만씩 5번 뛰어 센 수는 얼마일까요?

답 ____________________

3 민하는 3월부터 매달 3만원씩 저금했습니다. 6월까지 저금한 돈은 모두 얼마일까요?

답 ____________________

4 재성이는 70000원짜리 블록 세트를 사려고 합니다. 매달 20000원씩 저금하면 적어도 몇 개월 후에 블록 세트 살 돈을 모을 수 있을까요?

답 ____________________

DAY

12 수의 크기 비교

두 수의 크기를 비교하여 ○ 안에 >, <를 알맞게 써넣으세요.

1. 51435 ○ 63721
2. 740021 ○ 436000
3. 4560000 ○ 57360000
4. 7257057 ○ 8794796
5. 55500000 ○ 5550000
6. 817533 ○ 1794796
7. 53470000 ○ 494751496
8. 8975만 ○ 8975조
9. 3655조 ○ 9213억
10. 6460만 ○ 57360000
11. 5억 890만 ○ 5689000
12. 75136498 ○ 620억
13. 530만 ○ 9420만 2477
14. 1747만 ○ 17만 47

응용 UP 수의 크기 비교

1 지은이는 태양과 행성들 사이의 거리를 조사하였습니다. 수성에서 태양까지의 거리는 5800만 km이고 지구에서 태양까지의 거리는 1억 5000만 km입니다. 수성과 지구 중 태양까지의 거리가 더 가까운 행성은 무엇일까요?

수성~태양: 5800만 km

지구~태양: 1억 5000만 km

5800만 ○ 1억 5000만

답 ____________

2 영국의 GDP는 2조 8252억 달러이고, 인도의 GDP는 2조 7263억 달러입니다. 영국과 인도 중 GDP가 더 높은 나라는 어느 나라일까요?

GDP(국내총생산)는 한 나라의 국경 안에서 생산된 모든 최종 생산물의 시장가치로 한 국가의 경제수준을 나타내는 지표

답 ____________

3 브라질의 면적은 8515770 km^2이고, 멕시코의 면적은 196만 4375 km^2입니다. 브라질과 멕시코 중 면적이 더 넓은 나라는 어느 나라일까요?

답 ____________

4 선호는 오늘 하루 동안 만 삼천오 걸음을 걸었고, 지우는 10345 걸음을 걸었습니다. 선호와 지우 중 누가 더 많이 걸었을까요?

답 ____________

DAY 13

마무리 확인

연산 평가 up

1 수로 나타내세요.

(1) 10000이 8개, 1000이 5개, 100이 6개, 10이 9개, 1이 2개인 수

➡

(2) 10000이 4개, 1000이 2개, 100이 8개, 1이 9개인 수

➡

2 수로 쓰세요.

(1) 육십사조 삼천삼백구십삼억 팔천사백이십육만 칠십일

➡

(2) 구조 칠천구백십일억 팔천구백사십이만 육천칠백십이

➡

3 수를 읽어 보세요.

(1) 24162200479 ➡ ______

(2) 2054792033 ➡ ______

4 숫자 6이 나타내는 값을 쓰세요.

(1) 112016 ➡ ______

(2) 6040315 ➡ ______

마무리 확인

5 두 수의 크기를 비교하여 ○ 안에 >, <를 알맞게 써넣으세요.

(1) 79억 8514만 2603 ○ 70520136001

(2) 514조 5893억 ○ 514835100000000

6 1조 원짜리 모형 돈이 147장, 1억 원짜리 모형 돈이 5089장, 1만 원짜리 모형 돈이 6300장, 1원짜리 모형 돈이 200개 있습니다. 모두 얼마일까요?

(　　　　　　　　　　)

7 ㉮ 도시의 인구는 275462명이고, ㉯ 도시의 인구는 279203명입니다. 어느 도시의 인구가 더 많을까요?

(　　　　　　　　　　)

8 수 카드를 모두 한 번씩만 사용하여 십만의 자리 숫자가 3인 가장 작은 수를 만들었습니다. 만든 수를 구하세요.

3 0 1 7 2 6

(　　　　　　　　　　)

9 1부터 9까지의 수 중에서 □ 안에 들어갈 수 있는 수를 모두 쓰세요.

24654101 < 2465□330

(　　　　　　　　　　)

02 곱셈

• 학습계열표 •

이전에 배운 내용

3-2 곱셈
- (두 자리 수) × (두 자리 수)

지금 배울 내용

4-1 곱셈과 나눗셈
- (세 자리 수) × (몇십)
- (세 자리 수) × (두 자리 수)

앞으로 배울 내용

5-1 자연수의 혼합 계산
- 자연수의 혼합 계산

• 학습기록표 •

학습일차	학습 내용	날짜	맞은 개수	
			연산	응용
DAY 14	**곱셈의 원리①** ×(몇십), ×(몇백)	/	/16	/4
DAY 15	**곱셈의 원리②** (두 자리 수)×(몇십), (두 자리 수)×(몇백)	/	/10	/6
DAY 16	**곱셈의 원리③** (세 자리 수)×(몇십)	/	/15	/5
DAY 17	**곱셈①** (세 자리 수)×(두 자리 수)	/	/12	/4
DAY 18	**곱셈②** (세 자리 수)×(두 자리 수)	/	/12	/4
DAY 19	**곱셈③** (세 자리 수)×(두 자리 수)	/	/12	/6
DAY 20	**곱셈④** (세 자리 수)×(두 자리 수)	/	/12	/3
DAY 21	**곱셈⑤** (세 자리 수)×(두 자리 수)	/	/12	/4
DAY 22	**마무리 확인**	/		/16

(세 자리 수) × (몇십)

(몇백)×(몇십)

❶ $4 \times 2 = 8$

$400 \times 2 = 800$

❷ 400에 0이 2개 → 0이 2개

$400 \times 20 = 8000$

400에 0이 2개, 20에 0이 1개 → 0이 3개

$400 \times 200 = 80000$

400에 0이 2개, 200에 0이 2개 → 0이 4개

세로셈으로 계산할 때는 일의 자리부터 0의 개수만큼 0을 먼저 쓰고 계산해요.

$$\begin{array}{r} 400 \\ \times \quad 20 \\ \hline 8000 \end{array}$$

먼저 0을 모두 쓰고 계산하면 더 쉬워요.
0이 모두 몇 개인지 세어 보세요.

(세 자리 수)×(몇십)

❶ $482 \times 2 = 964$

$482 \times 20 = 9640$

❷ 0이 1개 → 0이 1개

$482 \times 200 = 96400$

0이 2개 → 0이 2개

$$\begin{array}{r} 482 \\ \times \quad 20 \\ \hline 9640 \end{array}$$

↑
$482 \times 2 = 964$

(세 자리 수) × (몇십)의 계산 방법

- (몇백) × (몇십)은 (몇) × (몇)의 값에 곱하는 두 수의 0의 개수만큼 0을 붙인다.
- (세 자리 수) × (몇십)은 (세자리 수) × (몇)의 값에 0을 1개 붙인다.

(세 자리 수)×(두 자리 수)

432×56 432×56은 432의 56배

		4	3	2
	×		5	6

❶ 56=50+6

↓

		4	3	2
	×		5	6
	2	5	9	2

❷ 곱하는 수 56의 일의 자리 수와 432를 곱해요.
→ 432×6=2592

↓

		4	3	2
	×		5	6
	2	5	9	2
2	1	6	0	0

❸ 곱하는 수 56의 십의 자리 수와 432를 곱해요.
→ 432×50=21600

↓

		4	3	2
	×		5	6
	2	5	9	2
2	1	6	0	0
2	4	1	9	2

❹ 432×6+432×50=24192

끝 자리 0을 생략하여 나타낼 수 있어요. 생략하여 나타낼 때는 자릿값을 잘 맞춰써야 해요!

(세 자리 수)×(두 자리 수)의 계산 방법

❶ 곱하는 두 자리 수를 일의 자리 수와 십의 자리 수로 나눈다.
❷ (세 자리 수)×(두 자리 수의 일의 자리 수)
❸ (세 자리 수)×(두 자리 수의 십의 자리 수)
❹ ❷와 ❸을 더한다.

DAY 14

곱셈의 원리 ① ×(몇십), ×(몇백)

연산 up

1 $300 \times 60 = 18000$

3×6=18

2 $600 \times 10 =$

3 $700 \times 10 =$

4 $400 \times 90 =$

5 $900 \times 20 =$

6 $80 \times 900 =$

7 $70 \times 400 =$

8 $50 \times 80 =$

9 $200 \times 100 =$

10 $90 \times 400 =$

11 $50 \times 90 =$

12 $800 \times 70 =$

13 $300 \times 400 =$

14 $60 \times 800 =$

15 $10 \times 200 =$

16 $20 \times 700 =$

응용 UP 곱셈의 원리 ①

1 화단에 상추 모종을 20개씩 40줄 심었습니다. 화단에 심은 상추 모종은 모두 몇 개일까요?

$20 \times 40 =$

2 한 병에 500 mL씩 들어 있는 물을 30병 샀습니다. 물은 모두 몇 mL일까요?

3 지수는 100원짜리 동전 80개를 가지고 있습니다. 지수가 가지고 있는 돈은 모두 얼마일까요?

4 오렌지 주스가 한 상자에 20개씩 담겨 있습니다. 창고에 오렌지 주스 상자가 30개 있다면 오렌지 주스는 모두 몇 개일까요?

답 ____________

곱셈의 원리 ② (두 자리 수)×(몇십), (두 자리 수)×(몇백)

1 $21 \times 20 = 420$

21×2=42

$21 \times 200 = 4200$

21×2=42

2 $65 \times 40 =$

$65 \times 400 =$

3 $79 \times 50 =$

$79 \times 500 =$

4 $42 \times 90 =$

$42 \times 900 =$

5 $98 \times 80 =$

$98 \times 800 =$

6 $95 \times 70 =$

$95 \times 700 =$

7 $86 \times 30 =$

$86 \times 300 =$

8 $17 \times 60 =$

$17 \times 600 =$

9 $30 \times 80 =$

$30 \times 800 =$

10 $61 \times 30 =$

$61 \times 300 =$

응용 up 곱셈의 원리②

직접 계산하지 말고 [ ] 의 계산 결과를 이용하여 빈 곳에 알맞은 수를 쓰세요.

1 $64 \times 7 = 448$

$64 \times 70 =$ 4480

$640 \times 70 =$ 44800

$640 \times 7 =$ ______

$640 \times 700 =$ ______

위의 계산 결과를 이용하여 눈으로만 계산해 보세요.

2 $59 \times 3 = 177$

$59 \times 30 =$ ______

$590 \times 30 =$ ______

$590 \times 300 =$ ______

$590 \times 3 =$ ______

3 $37 \times 5 = 185$

$37 \times 50 =$ ______

$370 \times 5 =$ ______

$370 \times 50 =$ ______

$37 \times 500 =$ ______

4 $19 \times 8 = 152$

$190 \times 8 =$ ______

$19 \times 80 =$ ______

$190 \times 80 =$ ______

$190 \times 800 =$ ______

5 $8 \times 65 = 520$

$80 \times 65 =$ ______

$800 \times 65 =$ ______

$8 \times 650 =$ ______

$800 \times 650 =$ ______

6 $4 \times 11 = 44$

$40 \times 110 =$ ______

$400 \times 11 =$ ______

$40 \times 11 =$ ______

$4 \times 110 =$ ______

DAY 16

곱셈의 원리 ③ (세 자리 수)×(몇십)

연산 up

1

		9	0	0
×			2	0
1	8	0	0	0

0을 수만큼 먼저 쓰고 계산하면 쉬워.

2

		8	0	0
×			7	0

3

		9	0	0
×			8	0

4

		5	1	0
×			3	0

5

		8	6	0
×			4	0

6

		2	1	2
×			4	0

7

		1	7	8
×			3	0

8

		4	2	1
×			9	0

9

		1	9	5
×			8	0

10

		4	8	6
×			3	0

11

		7	4	3
×			5	0

12

		8	6	2
×			6	0

13

		2	4	2
×			2	0

14

		5	1	7
×			7	0

15

		9	8	8
×			2	0

응용 UP 곱셈의 원리③

| 알쏭달쏭 우리말 수 단위 |

1

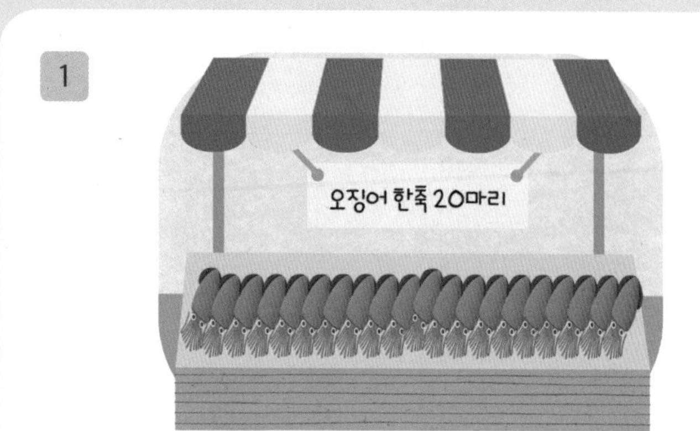

오징어 134축 ➡ 2680 마리

20마리씩 134묶음 → 20×134

2

달걀 200꾸러미 ➡ ________ 개

4

굴비 47두름 ➡ ________ 마리

3

마늘 23접 ➡ ________ 개

5

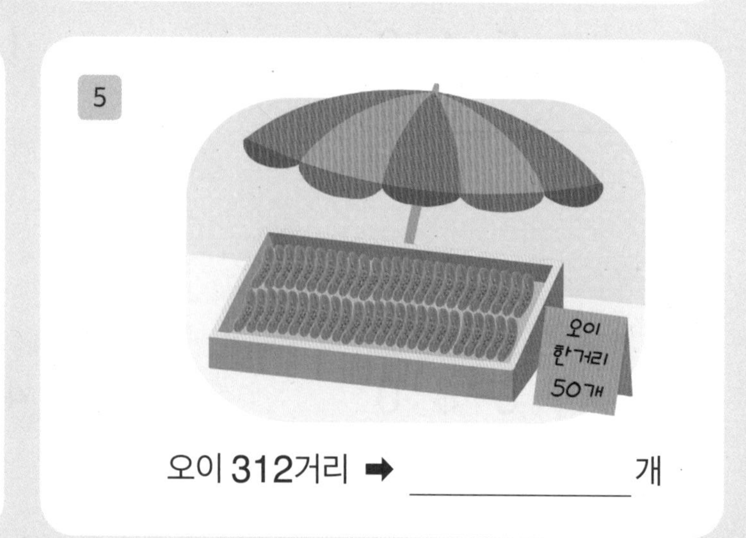

오이 312거리 ➡ ________ 개

곱셈 ① (세 자리 수)×(두 자리 수)

1

		3	2	7	
×			1	5	
	1	6	3	5	← 327×5
	3	2	7	0	← 327×10
	4	9	0	5	← 327×5+327×10

2

$$\begin{array}{r} 221 \\ \times\ 92 \\ \hline \end{array}$$

3

$$\begin{array}{r} 624 \\ \times\ 23 \\ \hline \end{array}$$

4

$$\begin{array}{r} 121 \\ \times\ 48 \\ \hline \end{array}$$

5

$$\begin{array}{r} 216 \\ \times\ 58 \\ \hline \end{array}$$

6

$$\begin{array}{r} 863 \\ \times\ 37 \\ \hline \end{array}$$

7

$$\begin{array}{r} 521 \\ \times\ 57 \\ \hline \end{array}$$

8

$$\begin{array}{r} 376 \\ \times\ 54 \\ \hline \end{array}$$

9

$$\begin{array}{r} 309 \\ \times\ 61 \\ \hline \end{array}$$

10

$$\begin{array}{r} 474 \\ \times\ 16 \\ \hline \end{array}$$

11

$$\begin{array}{r} 124 \\ \times\ 88 \\ \hline \end{array}$$

12

$$\begin{array}{r} 507 \\ \times\ 29 \\ \hline \end{array}$$

응용 up 곱셈①

곱셈 과정에서 틀린 곳을 찾아 ×로 표시하고, 바르게 고치세요.

1

		3	1	8
×			1	4
	1	2	7	2
		3	1	8
	1	5	9	0

➡

		3	1	8
×			1	4
	1	2	7	2

2

		5	0	6
×			8	3
	1	5	1	8
	4	0	4	8
	5	5	6	6

➡

3

		3	5	4
×			5	0
	1	7	7	0

➡

4

		6	5	6
×			8	6
	3	9	3	6
5	1	3	8	0
5	5	3	1	6

➡

DAY 18

곱셈 ② (세 자리 수)×(두 자리 수)

연산 up

1

		9	2	6
×			1	4
	3	7	0	4
	9	2	6	
1	2	9	6	4

십의 자리 수를 곱해서 나온 답을 쓸 때
끝 자리 0을 생략할 수 있어.
하지만 자릿값을 맞추어 쓰는 것에 주의!

2

		2	3	0
×			2	3

3

		4	4	8
×			8	1

4

		6	3	4
×			1	1

5

		2	7	5
×			5	2

6

		3	5	1
×			3	7

7

		1	3	2
×			4	4

8

		9	7	9
×			2	9

9

		4	1	7
×			9	5

10

		5	8	3
×			6	7

11

		9	0	5
×			1	5

12

		7	1	0
×			2	5

곱셈②

1 지은이는 한 개의 무게가 255 g인 복숭아 12개를 샀습니다. 지은이가 산 복숭아의 무게는 모두 몇 g일까요?

$255 \times 12 =$

답 ______

2 종이컵 한 잔에 가득 담긴 커피는 473 mL입니다. 똑같은 종이컵 12잔에 가득 담긴 커피는 모두 몇 mL일까요?

답 ______

3 케이크 한 판을 만드는 데 생크림 285 g이 필요합니다. 케이크 24판을 만들려면 생크림 몇 g이 필요할까요?

답 ______

4 어느 마스크 공장에서 1분 동안 마스크 89장을 만들 수 있습니다. 이 공장에서 2시간 동안 만들 수 있는 마스크는 모두 몇 장일까요?

답 ______

곱셈 ③ (세 자리 수)×(두 자리 수)

1

		1	1	0
×			6	5
		5	5	0
	6	6	0	0
	7	1	5	0

5

		1	7	5
×			5	5

9

		2	4	0
×			2	3

2

		7	2	5
×			1	7

6

		8	1	2
×			5	6

10

		1	2	8
×			3	3

3

		6	4	6
×			7	2

7

		4	5	1
×			3	9

11

		1	8	1
×			3	0

4

		9	1	7
×			5	2

8

		3	5	2
×			3	6

12

		2	0	7
×			5	3

곱셈③

□ 안에 알맞은 수를 쓰세요.

1

		1	5	7
×			4	7
	1	0	9	9
1+□	6	2	8	0
	7	3	7	9

157×7=1099

7×□의 일의 자리 수가 8

2

		□	3	9
×			2	7
	3	□	7	3
1	0	7	8	0
1	□	5	5	3

3

		3	□	8
×			3	4
	1	3	1	2
	9	□	4	0
□	□	1	5	2

4

		5	6	□
×			□	7
	3	9	4	1
1	□	8	9	0
2	0	8	□	1

5

		1	□	8
×			3	4
		5	1	2
	3	□	4	0
	□	3	5	2

6

		1	1	3
×			8	□
		5	6	5
	□	□	4	0
	□	6	0	□

곱셈④ (세 자리 수)×(두 자리 수)

1 $451 \times 49 = 22099$

		4	5	1
×			4	9
	4	0	5	9
1	8	0	4	0
2	2	0	9	9

2 211×43

3 924×75

4 723×12

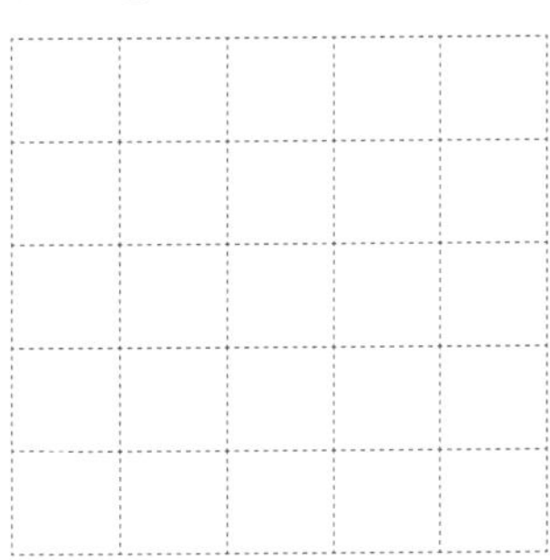

5 530×61

6 341×72

7 526×82

8 120×58

9 609×15

10 424×37

11 973×22

12 592×56

곱셈④

1 영서는 설거지를 하면 500원, 방 청소를 하면 700원을 용돈으로 받습니다. 7월 한 달 동안 설거지를 12번, 방 청소를 11번 했다면 7월에 받은 용돈은 모두 얼마일까요?

7월에 받은 용돈은
설거지를 해서 받은 용돈과
방 청소를 해서 받은 용돈의 합이야.

답 ______________

2 민희는 마트에서 780원짜리 초콜릿을 22개 사고 20000원을 냈습니다. 거스름돈으로 얼마를 받아야 할까요?

답 ______________

3 새롬이네 반 학생 24명이 베이킹 수업에서 케이크와 쿠키를 만들려고 합니다. 1명당 케이크를 만드는 데 필요한 버터는 128 g이고 쿠키를 만드는 데 필요한 버터는 110 g입니다. 24명이 케이크를 만드는 데 필요한 버터는 쿠키를 만드는 데 필요한 버터보다 몇 g 더 많을까요?

답 ______________

DAY 21

곱셈 ⑤ (세 자리 수)×(두 자리 수)

연산 up

1 880×16

2 268×68

3 828×24

4 434×77

5 485×33

6 631×37

7 194×70

8 916×18

9 365×32

10 538×58

11 271×18

12 482×26

응용 up 곱셈⑤

수 카드를 한 번씩만 사용하여 조건을 만족하는 두 수를 만들었을 때, 만든 두 수의 곱을 구하세요.

1 가장 큰 세 자리 수와 가장 작은 두 자리 수

6 2 5 1 7

7 6 5 × 1 2 =

→ 큰 수부터 차례로 → 작은 수부터 차례로

답 ______

2 가장 작은 세 자리 수와 가장 큰 두 자리 수

1 2 3 4 5

답 ______

3 가장 큰 세 자리 수와 가장 작은 두 자리 수

3 8 2 0 7

0이 맨 앞자리에 올 수 있을까?

답 ______

4 가장 작은 세 자리 수와 가장 큰 두 자리 수

2 0 9 1 5

답 ______

DAY 22

마무리 확인

연산 평가 up

1 계산 결과가 다른 하나에 ○표 하세요.

(1)

40×20	80×10	8×100	40×200	2×400

(2)

80×30	60×40	24×10	12×200	300×8

2 계산을 하세요.

(1)
$$\begin{array}{r} 3\ 0\ 0 \\ \times\quad 7\ 0 \\ \hline \end{array}$$

(2)
$$\begin{array}{r} 1\ 2\ 0 \\ \times\quad 7\ 9 \\ \hline \end{array}$$

(3)
$$\begin{array}{r} 2\ 9\ 4 \\ \times\quad 2\ 8 \\ \hline \end{array}$$

(4)
$$\begin{array}{r} 5\ 1\ 4 \\ \times\quad 2\ 2 \\ \hline \end{array}$$

(5)
$$\begin{array}{r} 1\ 8\ 9 \\ \times\quad 6\ 1 \\ \hline \end{array}$$

(6)
$$\begin{array}{r} 6\ 7\ 9 \\ \times\quad 5\ 6 \\ \hline \end{array}$$

(7) $400\times32=$

(8) $635\times81=$

(9) $877\times38=$

마무리 확인

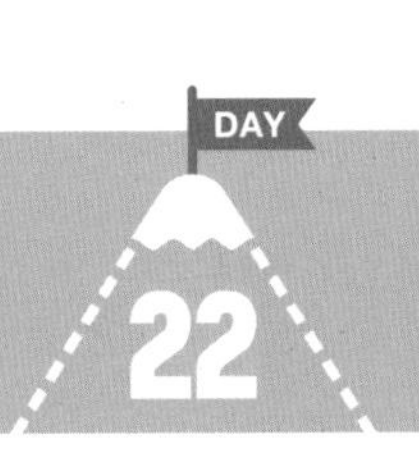

3 지수가 매일 500원씩 저금통에 저금을 한다면 6월 한 달 동안 저금하는 돈은 얼마일까요?

( )

4 한아네 모둠은 5명입니다. 모둠 학생 모두 종이학을 매일 35개씩 3주일 동안 접었습니다. 한아네 모둠 학생들이 3주일 동안 접은 종이학은 모두 몇 개일까요?

( )

5 □ 안에 알맞은 수를 쓰세요.

(1)

		7	8	□
×			2	3
	2	3	5	5
1	5	□	0	0
1	□	0	□	5

(2)

		4	□	2
×			5	6
	2	□	□	2
2	0	6	0	0
2	□	0	7	□

6 빨간색 수 카드를 한 번씩만 사용하여 가장 작은 세 자리 수를 만들고, 초록색 수 카드를 한 번씩만 사용하여 가장 큰 두 자리 수를 만들었습니다. 만든 두 수의 곱은 얼마일까요?

0 5 9 1 8

( )

03 나눗셈

· 학습계열표 ·

이전에 배운 내용

3-2 나눗셈
- (세 자리수) ÷ (한 자리 수)

지금 배울 내용

4-1 곱셈과 나눗셈
- (세 자리 수) ÷ (몇십)
- (세 자리 수) ÷ (두 자리 수)

앞으로 배울 내용

5-1 자연수의 혼합 계산
- 자연수의 혼합 계산

• 학습기록표 •

학습일차	학습 내용	날짜	맞은 개수	
			연산	응용
DAY 23	나눗셈 원리① (몇십)으로 나누기	/	/12	/4
DAY 24	나눗셈 원리② (몇십)으로 나누기	/	/12	/4
DAY 25	나눗셈 원리③ (몇십)으로 나누기	/	/12	/3
DAY 26	나눗셈① (두 자리 수)÷(두 자리 수)	/	/12	/4
DAY 27	나눗셈② (세 자리 수)÷(두 자리 수)	/	/12	/7
DAY 28	나눗셈③ (세 자리 수)÷(두 자리 수)	/	/9	/1
DAY 29	나눗셈④ (세 자리 수)÷(두 자리 수)	/	/9	/6
DAY 30	나눗셈⑤ (세 자리 수)÷(두 자리 수)	/	/9	/4
DAY 31	나눗셈 종합①	/	/9	/3
DAY 32	나눗셈 종합②	/	/9	/3
DAY 33	어떤 수 구하기①	/	/14	/8
DAY 34	어떤 수 구하기②	/	/14	/4
DAY 35	마무리 확인	/	/18	

책상에 붙여 놓고
매일매일 기록해요.

(몇십)으로 나누기

$$\begin{array}{r} 3 \\ 90\overline{)270} \\ 270 \\ \hline 0 \end{array}$$

3 ← 270에 90이 3번 들어가요.

270 ← 90×3

0 ← 270-270=0

$270 \div 90 = 3$ (27÷9)

$$\begin{array}{r} 5 \\ 90\overline{)469} \\ 450 \\ \hline 19 \end{array}$$

5 ← 469에 90이 5번 들어가요.

450 ← 90×5

19 ← 469-450=19

$469 \div 90 = 5 \cdots 19$ (5: 몫, 19: 나머지)

(세 자리 수)÷(몇십)의 계산 방법
나뉠 수에 (몇십)이 몇 번 들어갈 수 있는지 계산합니다.

(두 자리 수)÷(두 자리 수)

$$\begin{array}{r} 5 \\ 18\overline{)91} \\ 90 \\ \hline 1 \end{array}$$

5 ← 91에 18이 5번 들어가요.

90 ← 18×5

1 ← 91-90=1

$91 \div 18 = 5 \cdots 1$

❶ 몫 예상하기

91÷18을 90÷20으로 어림하면 몫은 4 또는 5로 예상할 수 있습니다.

❷ 나머지 확인

$$\begin{array}{r} 4 \\ 18\overline{)91} \\ 72 \\ \hline 19 \end{array}$$

몫이 4이면 나머지가 나누어지는 수보다 더 크므로 몫을 1 크게 다시 예상합니다.

(두 자리 수)÷(두 자리 수)의 계산 방법
❶ 나누어지는 수에 나누는 수가 몇 번 들어가는지 예상합니다.
❷ 나머지가 나누는 수보다 작은지 확인합니다.

(세 자리 수)÷(두 자리 수)

```
      2
24)5 1 9
   4 8     ← 51에 24가 2번 들어가요.
     3
```

↓

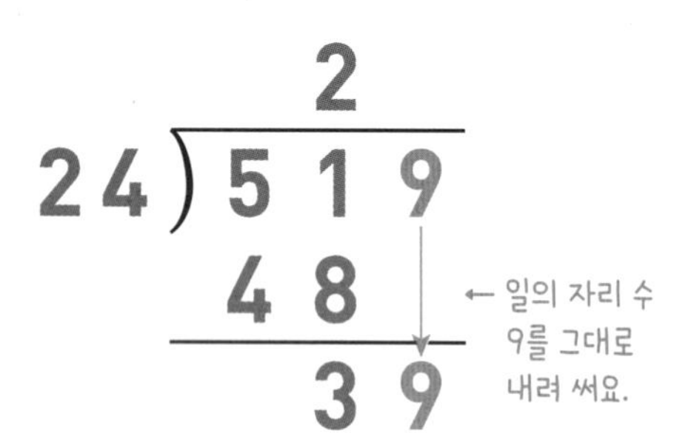

↓

```
      2 1
24)5 1 9
   4 8
     3 9
     2 4   ← 39에 24가 1번 들어가요.
     1 5
```

❶ 몫의 자릿수를 확인

$24\overline{)119}$ (몫: □)

나누는 수(24)가 나뉠 수의 앞 두 자리 수(11)보다 크면 몫은 한 자리 수

$24\overline{)519}$ (몫: □□)

나누는 수(24)가 나뉠 수의 앞 두 자리 수(51)보다 작거나 같으면 몫은 두 자리 수

❷ 자릿값이 높은 자리부터 낮은 자리 방향으로 계산

나누는 수의 자릿수에 따라 나누어지는 수를 앞의 두 자리씩 끊어서 몇 번 들어갈 수 있는지를 알아보고 자리를 맞추어 몫을 씁니다.

❸ 나머지가 나누는 수보다 작은지 확인

519 ÷ 24 = 21 ··· 15 (15 < 24)

몫: 21, 나머지: 15

(세 자리 수)÷(두 자리 수)의 계산 방법

❶ 몫이 두 자리 수인지 한 자리 수인지 확인합니다.

❷ 나누어지는 수에 나누는 수가 몇 번 들어가는지 계산합니다.

❸ 나머지가 나누는 수보다 작은지 확인합니다.

DAY 23 나눗셈 원리 ① (몇십)으로 나누기

연산 up

1 $12 \div 3 = 4$

$120 \div 30 = 4$

$12 \div 3 = 4$

120÷30=12÷3=4
0을 같은 개수만큼 지우고
남은 수를 계산해도
결과는 같아.

2 $16 \div 2 =$

$160 \div 20 =$

3 $81 \div 9 =$

$810 \div 90 =$

4 $35 \div 5 =$

$350 \div 50 =$

5 $24 \div 8 =$

$240 \div 80 =$

6 $36 \div 6 =$

$360 \div 60 =$

7 $45 \div 9 =$

$450 \div 90 =$

8 $32 \div 4 =$

$320 \div 40 =$

9 $10 \div 2 =$

$100 \div 20 =$

10 $63 \div 7 =$

$630 \div 70 =$

11 $27 \div 3 =$

$270 \div 30 =$

12 $40 \div 5 =$

$400 \div 50 =$

나눗셈 원리①

빈 곳에 알맞은 수를 쓰세요.

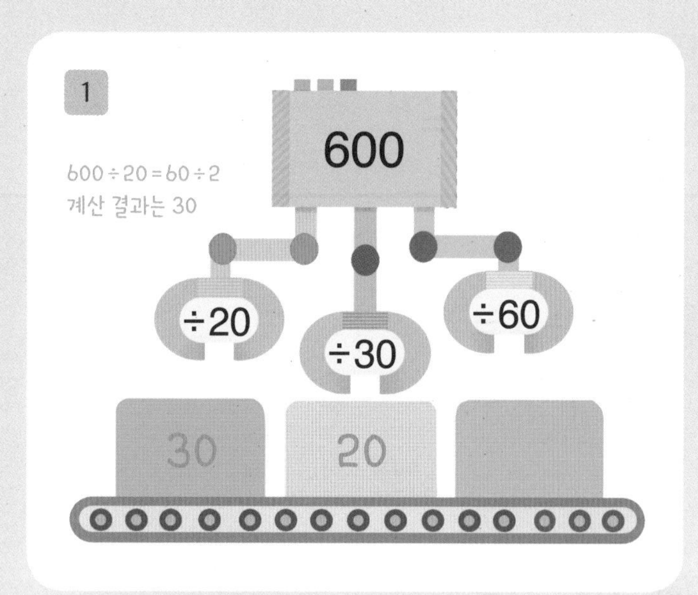

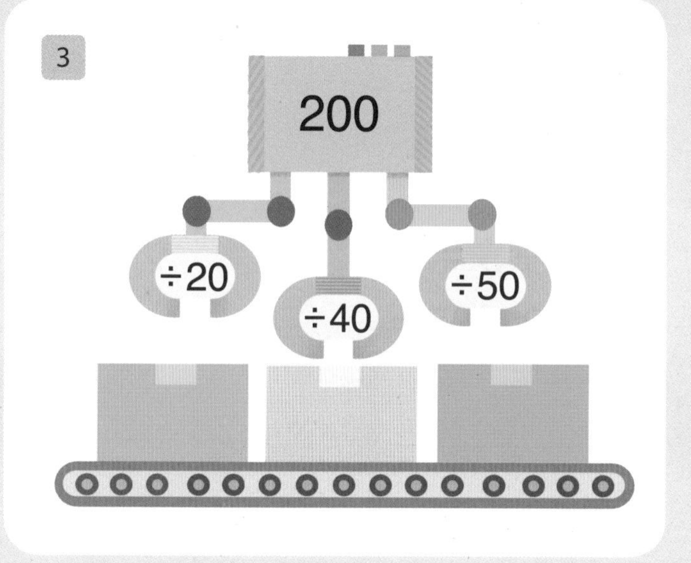

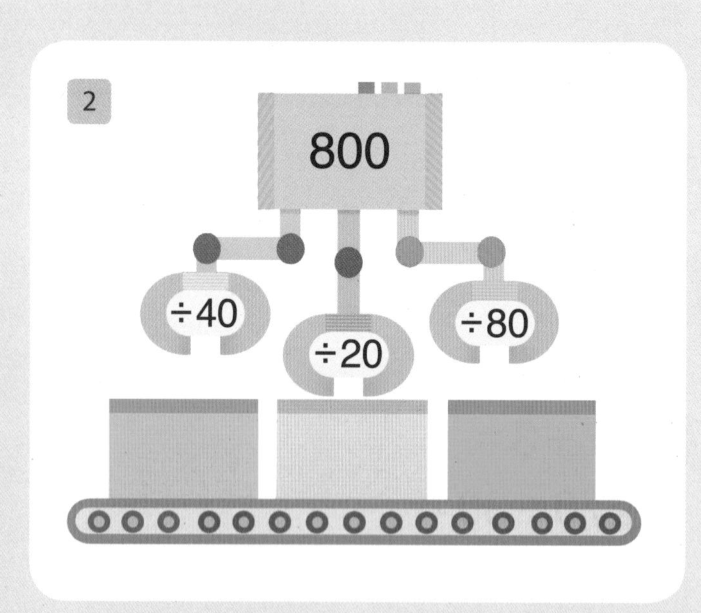

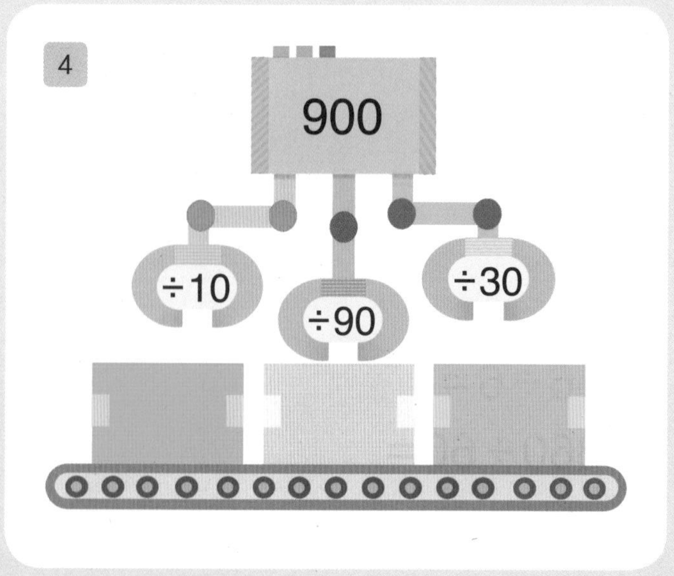

나눗셈 원리 ② (몇십)으로 나누기

1. $180 \div 20 = 9$

20)180
180
0

20×9 =180
180에 20이
9번 들어가요.

2. 90)720

3. 50)200

4. 70)420

5. 40)320

6. 30)150

7. 80)560

8. 40)360

9. 30)180

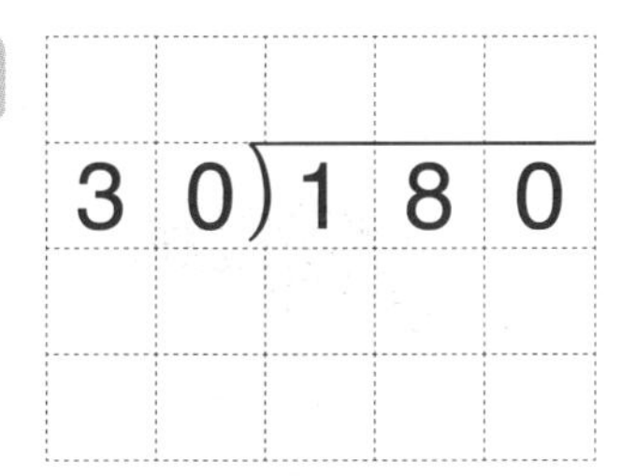

10. 70)140

11. 10)700

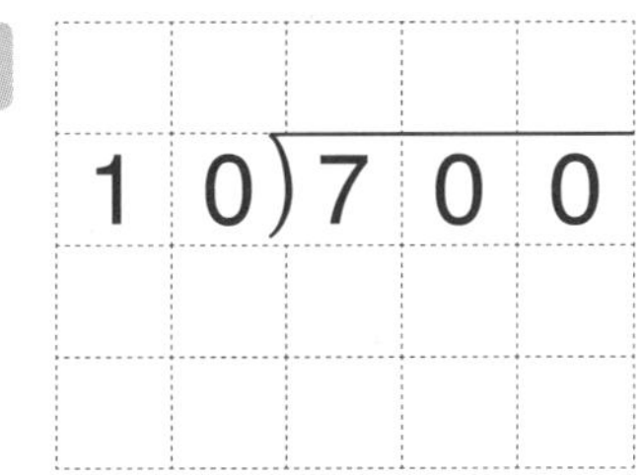

12. 20)100

응용 up 나눗셈 원리②

몫이 더 큰 나눗셈식을 들고 있는 사람은 누구일까요? ○표 하세요.

1

3

2

4

DAY 25

나눗셈 원리③ (몇십)으로 나누기

연산 up

1

				9
8	0)	7	5	8
		7	2	0
			3	8

← 몫

← 80 × 9 = 720

← 나머지 758 − 720 = 38

5

70)428

9

40)135

2

30)235

6

60)584

10

70)573

3

60)576

7

80)488

11

90)603

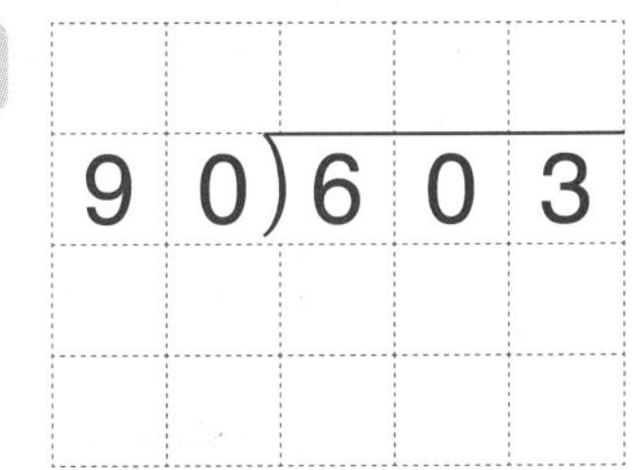

4

30)228

8

40)319

12

50)499

응용 UP 나눗셈 원리③

서울에서 각 도시까지의 비행시간입니다. 서울에서 6시에 출발하여 각 도시에 도착하는 시각을 시계에 나타내세요. (단, 각 도시에 도착하는 시각은 서울 시각으로 나타냅니다.)

DAY 26

나눗셈 ① (두 자리 수)÷(두 자리 수)

연산 up

1

$$\begin{array}{r} 2 \\ 14\overline{)29} \\ 28 \\ \hline 1 \end{array}$$

← 14×2=28
29에 14가
2번(몫) 들어가고
1(나머지)이 남아요.

2 $21\overline{)63}$

3 $19\overline{)38}$

4 $14\overline{)79}$

5 $12\overline{)31}$

6 $33\overline{)75}$

7 $52\overline{)87}$

8 $28\overline{)84}$

9

$31\overline{)87}$

10

$36\overline{)54}$

11 $15\overline{)39}$

12 $11\overline{)59}$

응용 up 나눗셈①

DAY 26

1 사탕 56개를 한 봉지에 14개씩 담아 포장하려고 합니다. 사탕은 몇 봉지가 되고 몇 개가 남을까요?

답 ______, ______

2 크림빵 90개를 만들어 한 상자에 14개씩 나누어 담으려고 합니다. 크림빵은 몇 상자가 되고 몇 개가 남을까요?

답 ______, ______

3 구슬 17개로 구슬 팔찌 1개를 만들 수 있습니다. 구슬 75개로는 몇 개의 팔찌를 만들 수 있을까요?

답 ______

4 지수는 전체가 86쪽인 동화책을 읽으려고 합니다. 하루에 21쪽씩 매일 읽으면 며칠 만에 모두 읽을 수 있을까요?

답 ______

나눗셈 ② (세 자리 수)÷(두 자리 수)

연산 up

1

				8
6	1)	5	4	7
		4	8	8
			5	9

61×7=427
61×8=488
61×9=549

나머지가 나누는 수보다
작은지 꼭 확인해!

2 28)193

3 71)500

4 74)691

5 21)115

6 86)781

7 25)199

8 44)297

9 39)372

10 99)581

11 48)235

12 95)386

나눗셈②

| 나누어지는 수 구하기 |

1 어떤 수를 24로 나누었더니 몫이 2이고 나머지가 19였습니다. 어떤 수는 얼마일까요?

24×2=48, 48+19=67

( )

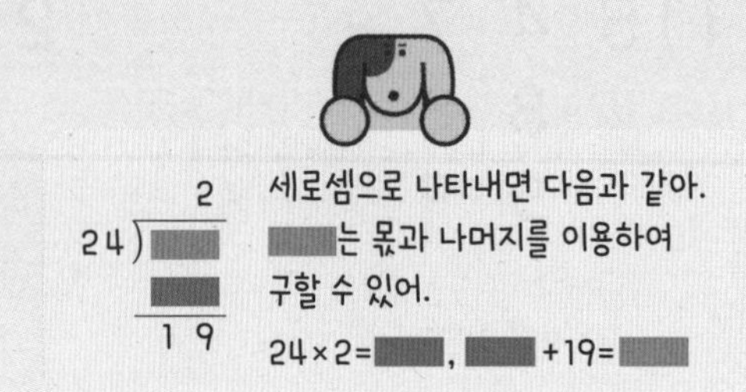

2 어떤 수를 19로 나누었더니, 몫이 3이고 나머지가 13이었습니다. 어떤 수는 얼마일까요?

( )

3 어떤 수를 11로 나누었더니 몫이 8이고 나머지가 8이었습니다. 어떤 수는 얼마일까요?

( )

4 어떤 수를 21로 나누었더니 몫이 4이고 나머지가 15였습니다. 어떤 수는 얼마일까요?

( )

5 어떤 수를 32로 나누었더니 몫이 2이고 나머지가 20이었습니다. 어떤 수는 얼마일까요?

( )

6 어떤 수를 28로 나누었더니 몫이 7이고 나머지가 18이었습니다. 어떤 수는 얼마일까요?

( )

7 어떤 수를 44로 나누었더니 몫이 7이고 나머지가 5였습니다. 어떤 수는 얼마일까요?

( )

DAY 28

나눗셈 ③ (세 자리 수)÷(두 자리 수)

1

$$\begin{array}{r} 28 \\ 34\overline{)965} \\ \underline{68} \\ 285 \\ \underline{272} \\ 13 \end{array}$$

← 몫

← 34×2=68

← 965-680

← 34×8=272

← 나머지 285-272=13

4 $28\overline{)580}$

7 $56\overline{)999}$

2 $63\overline{)960}$

5 $23\overline{)872}$

8 $30\overline{)326}$

3 $72\overline{)729}$

6 $81\overline{)978}$

9 $13\overline{)968}$

응용 UP 나눗셈③

지영이가 길을 잃었습니다. 길에 적힌 나눗셈식 중에서 몫이 두 자리 수인 식을 따라가면 집에 도착할 수 있습니다. 집에 가는 길을 그리세요.

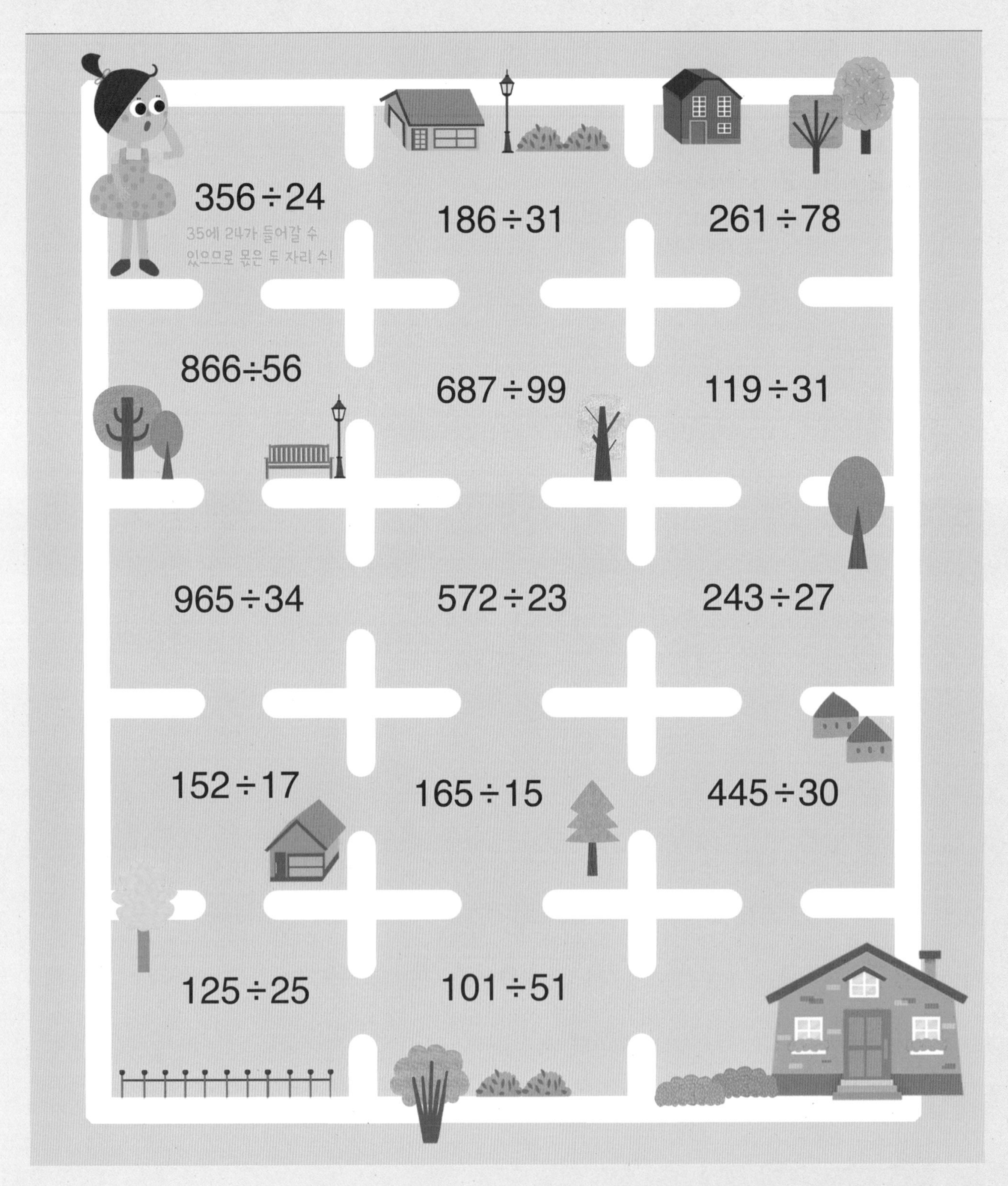

DAY 29

나눗셈 ④ (세 자리 수)÷(두 자리 수)

연산 up

1

$$\begin{array}{r} 24 \\ 27\overline{)658} \\ \underline{54} \\ 118 \\ \underline{108} \\ 10 \end{array}$$

← 몫
← 27×2=54
← 658-540
← 27×4=108
← 나머지 118-108=10

2 $24\overline{)432}$

3 $34\overline{)789}$

4 $31\overline{)934}$

5 $14\overline{)648}$

6 $40\overline{)440}$

7 $16\overline{)808}$

8 $45\overline{)620}$

9 $11\overline{)692}$

응용 UP 나눗셈④

□ 안에 알맞은 수를 쓰세요.

1

```
       1 ①9
4②2 ) 8 0③0     ③=⑤=0
     ④4 2
       3 8⑤0    38⑤-378=2 → ⑤=0
       3 7 8    42×①=378 → ①=9
           2
```

4② ×1=④2
→ ②=2, ④=4

2

```
       1 □
2 □ ) 4 2 □
      2 □
      1 8 □
      1 □ 8
        1 7
```

3

```
       1 □
□ 7 ) 7 3 □
      3 7
      3 □ 6
      3 3 3
        □ 3
```

4

```
       2 □
□ 8 ) 5 9 □
      5 6
        3 0
        2 □
          □
```

5

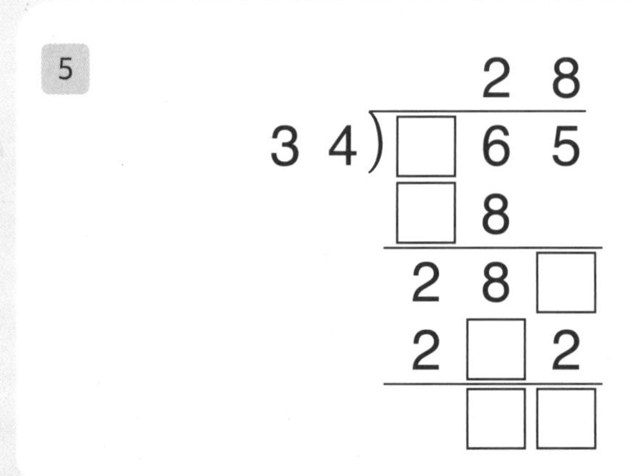

6

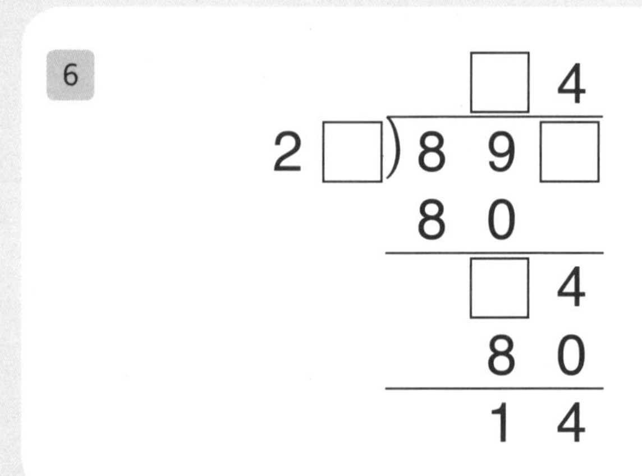

나눗셈⑤ (세 자리 수)÷(두 자리 수)

1 $903 \div 42 = \underline{21} \cdots \underline{21}$ (몫, 나머지)

			2	1
4	2)	9	0	3
		8	4	
			6	3
			4	2
			2	1

4 $524 \div 27$

7 $880 \div 20$

2 $342 \div 45$

5 $625 \div 72$

8 $720 \div 87$

3 $980 \div 15$

6 $792 \div 11$

9 $292 \div 24$

응용 UP 나눗셈⑤

1 145시간은 며칠 몇 시간일까요?

하루는 24시간이야.

145 ÷ 24 = 6…1

답 ______________

2 목도리 1개를 만드는 데 털실 55 m가 필요합니다. 지수는 659 m의 털실을 가지고 있고, 수영이는 330 m의 털실을 가지고 있습니다. 지수와 수영이가 만든 목도리는 모두 몇 개일까요?

답 ______________

3 젤리가 한 상자에 15개씩 37상자 있습니다. 젤리를 한 사람에게 50개씩 나누어 주려고 합니다. 몇 명까지 나누어 줄 수 있을까요?

답 ______________

4 달걀이 10개씩 52줄 있습니다. 이 달걀을 한 판에 24개씩 나누어 담으려고 합니다. 달걀은 모두 몇 판이 되고 몇 개가 남을까요?

답 ______________, ______________

DAY 31 나눗셈 종합①

연산 up

1. $658 \div 27$ (27)658)

2. $911 \div 44$ (44)911)

3. $104 \div 25$ (25)104)

4. $832 \div 20$ (20)832)

5. $480 \div 80$ (80)480)

6. $849 \div 75$ (75)849)

7. $249 \div 83$ (83)249)

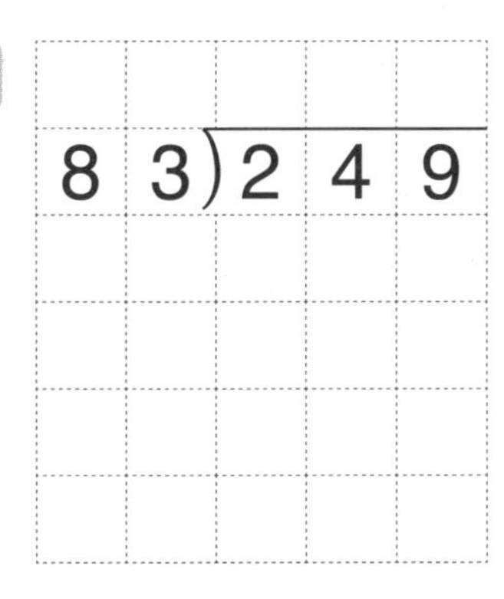

8. $800 \div 42$ (42)800)

9. $666 \div 31$ (31)666)

응용 UP 나눗셈 종합①

나눗셈 과정에서 틀린 곳을 찾아 ×로 표시하고, 바르게 고치세요.

1

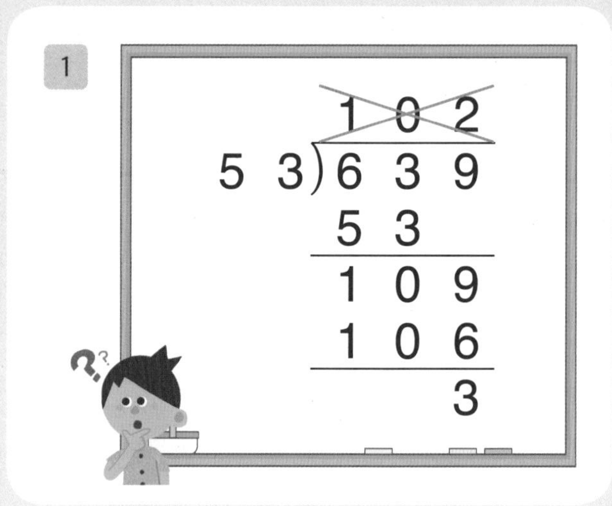

➡

바른 계산

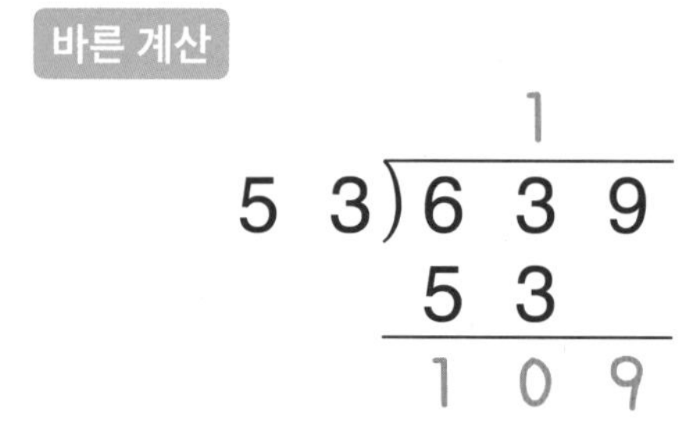

2

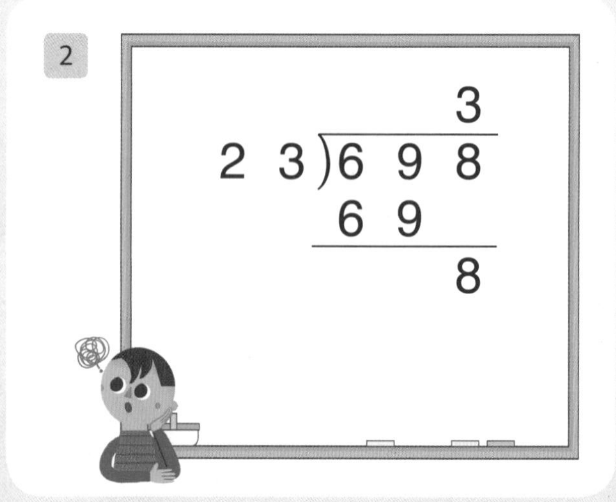

➡

바른 계산

3

➡

바른 계산

나눗셈 종합②

1 $80 \div 24$

4 $73 \div 20$

7 $81 \div 12$

2 $380 \div 54$

5 $202 \div 25$

8 $463 \div 50$

3 $273 \div 26$

6 $421 \div 99$

9 $551 \div 47$

응용 UP

나눗셈 종합②

1 과수원에서 지용이는 123개의 복숭아를 땄고, 지수는 168개의 복숭아를 땄습니다. 지용이와 지수가 딴 복숭아를 모아서 한 상자에 20개씩 담았습니다. 복숭아는 몇 상자가 되고 몇 개가 남을까요?

지용이와 지수가 딴 복숭아 수를 먼저 구하자!

$123+168=291$

$291 \div 20=14 \cdots 11$

답 ______, ______

2 똑같은 젤리가 달콤 마트에서는 25개에 800원이고 새콤 마트에서는 34개에 850원입니다. 달콤 마트와 새콤 마트 중 어느 마트에서 젤리를 사는 것이 더 이익일까요?

답 ______

3 사탕이 한 봉지에 15개씩 들어 있습니다. 사탕 32봉지를 뜯어 한 사람에게 12개씩 나누어 주려고 합니다. 몇 명에게 나누어 줄 수 있을까요?

답 ______

DAY 33 어떤 수 구하기①

연산 up

□ 안에 알맞은 수를 쓰세요.

1 $31 \times \boxed{30} = 930$

$2 \times \square = 6 \rightarrow \square = 6 \div 2$

$31 \times \square = 930 \rightarrow \square = 930 \div 31$

8 $\boxed{23} \times 34 = 782$

$\square \times 4 = 8 \rightarrow \square = 8 \div 4$

$\square \times 34 = 782 \rightarrow \square = 782 \div 34$

2 $16 \times \square = 848$

9 $\square \times 15 = 615$

3 $24 \times \square = 432$

10 $\square \times 20 = 500$

4 $14 \times \square = 658$

11 $\square \times 11 = 440$

5 $45 \times \square = 720$

12 $\square \times 28 = 952$

6 $27 \times \square = 810$

13 $\square \times 12 = 624$

7 $33 \times \square = 693$

14 $\square \times 34 = 884$

응용 up 어떤 수 구하기①

빈 곳에 알맞은 수를 쓰세요.

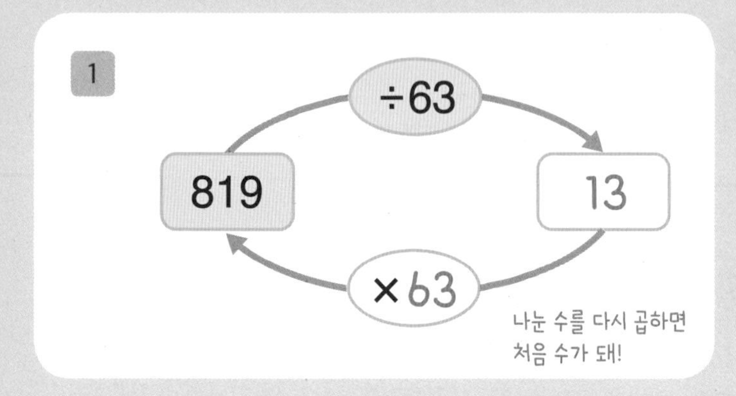

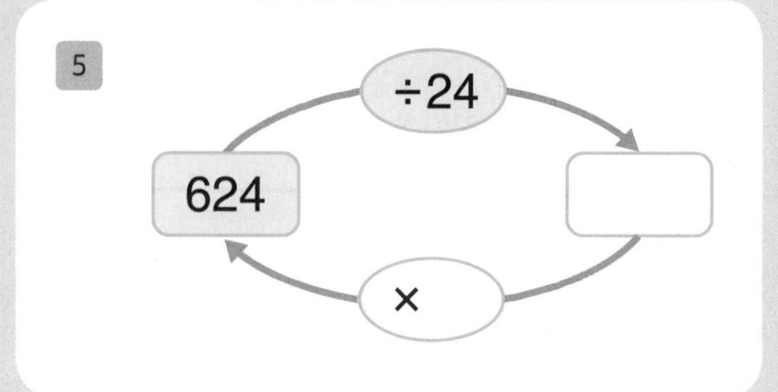

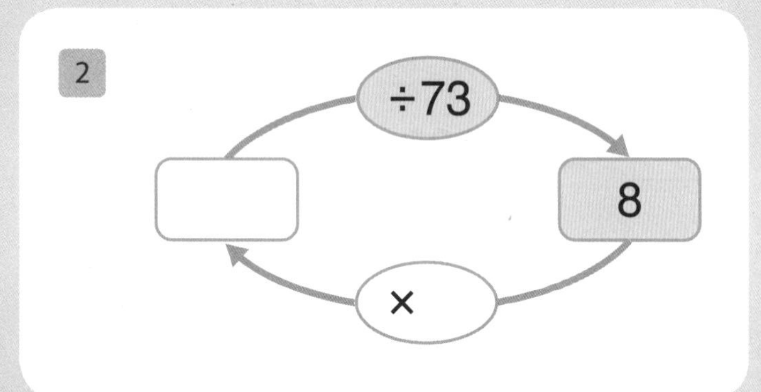

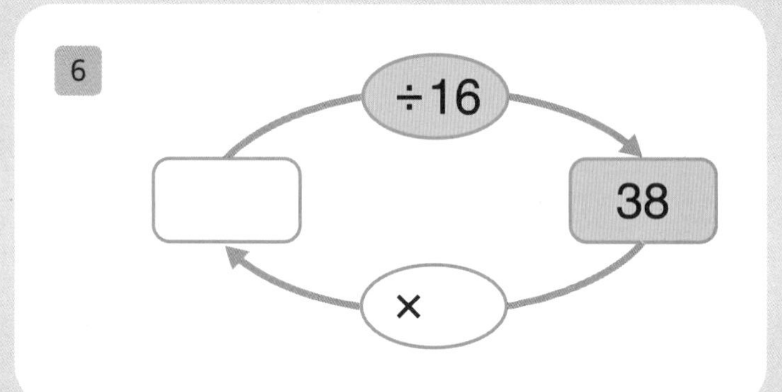

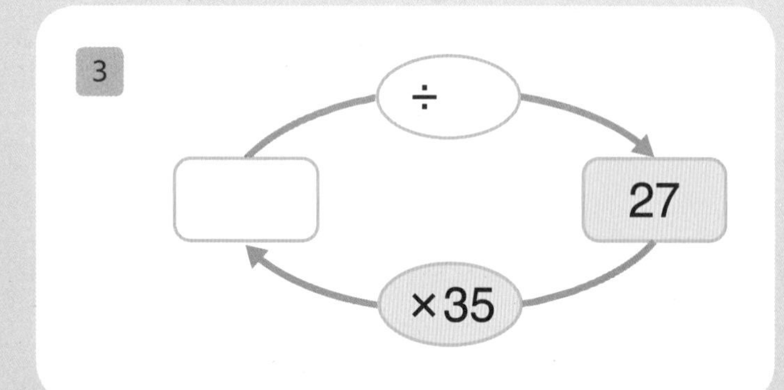

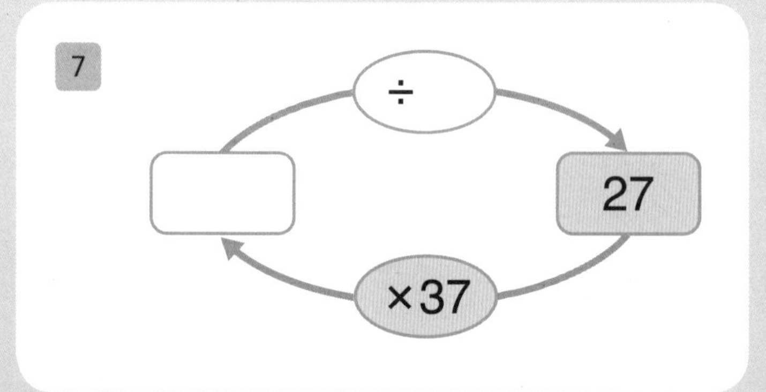

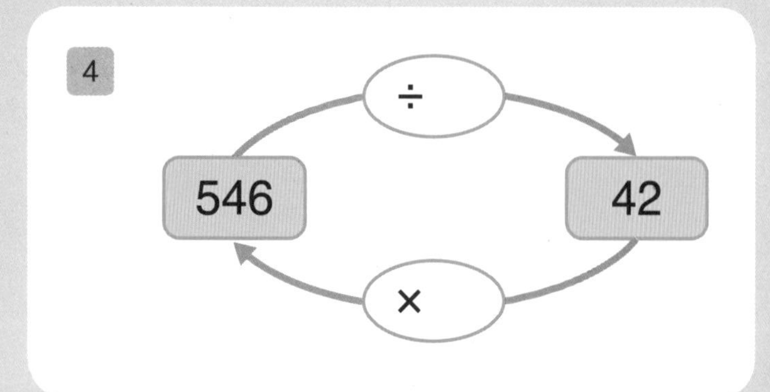

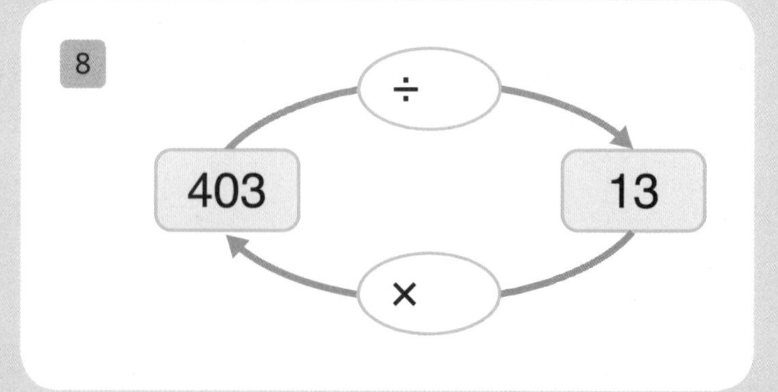

어떤 수 구하기②

연산 up

□ 안에 알맞은 수를 쓰세요.

1. [615] $\div 15 = 41$

   □÷3=6 → □=3×6

   □÷15=41 → □=15×41

2. □ $\div 43 = 21$

3. □ $\div 11 = 27$

4. □ $\div 26 = 14$

5. □ $\div 81 = 5$

6. □ $\div 20 = 43$

7. □ $\div 25 = 17$

8. [441] $\div 11 = 40 \cdots 1$

   □는 11×40보다 1 큰 수

   → 11×40=440, □=440+1

9. □ $\div 61 = 5 \cdots 45$

10. □ $\div 30 = 30 \cdots 24$

11. □ $\div 33 = 21 \cdots 13$

12. □ $\div 52 = 12 \cdots 30$

13. □ $\div 41 = 14 \cdots 6$

14. □ $\div 27 = 31 \cdots 10$

응용 UP

어떤 수 구하기②

DAY 34

1 어떤 수를 32로 나누었더니 몫이 35이고 나머지가 27이었습니다. 어떤 수는 얼마일까요?

어떤 수를 □라 하고 나눗셈식을 먼저 세워 봐.

□ ÷ 32 = 35 ··· 27

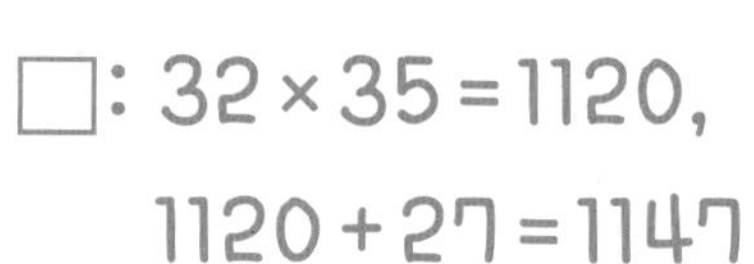

답 ______

2 어떤 수를 51로 나누었더니 몫이 13이고 나머지가 44였습니다. 어떤 수는 얼마일까요?

답 ______

3 어떤 수를 16으로 나누어야 할 것을 잘못하여 26으로 나누었더니 몫이 37이고 나머지가 11이었습니다. 바르게 계산한 몫은 얼마일까요?

답 ______

4 어떤 수를 52로 나누어야 할 것을 잘못하여 22로 나누었더니 몫이 30이고 나머지가 20이었습니다. 바르게 계산한 나머지는 얼마일까요?

답 ______

마무리 확인

연산 평가 up

1 계산을 하세요.

(1) $50\overline{)250}$

(2) $30\overline{)173}$

(3) $40\overline{)840}$

(4)

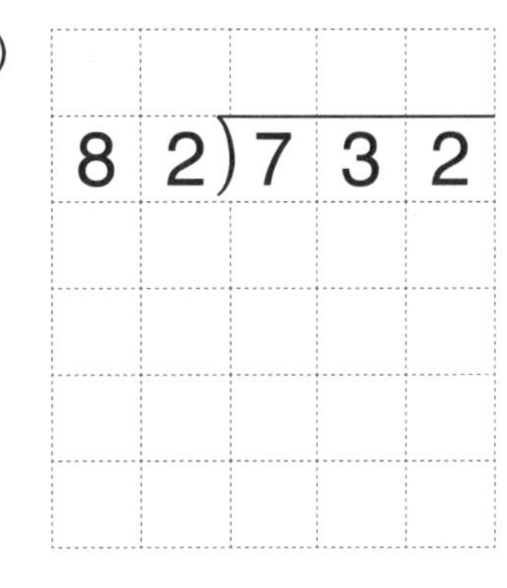

(5)

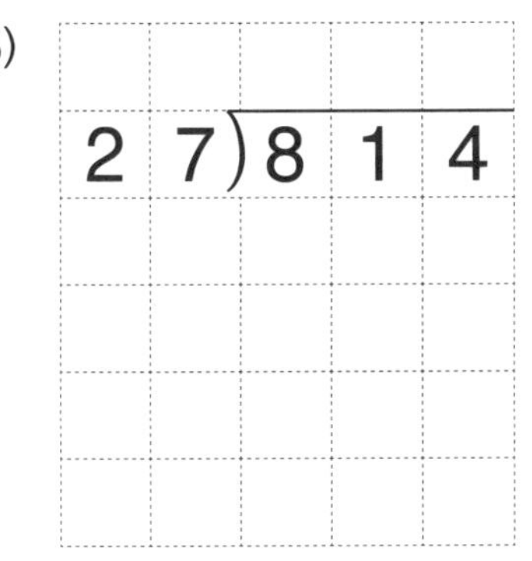

(6)

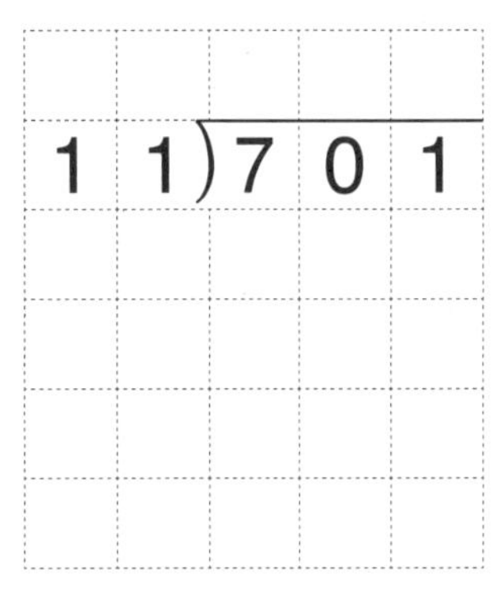

2 계산을 하세요.

(1) $210 \div 30 =$

(2) $211 \div 36 =$

(3) $402 \div 57 =$

(4) $663 \div 42 =$

(5) $744 \div 31 =$

(6) $253 \div 17 =$

마무리 확인

3 빈곳에 알맞은 수를 쓰세요.

(1)

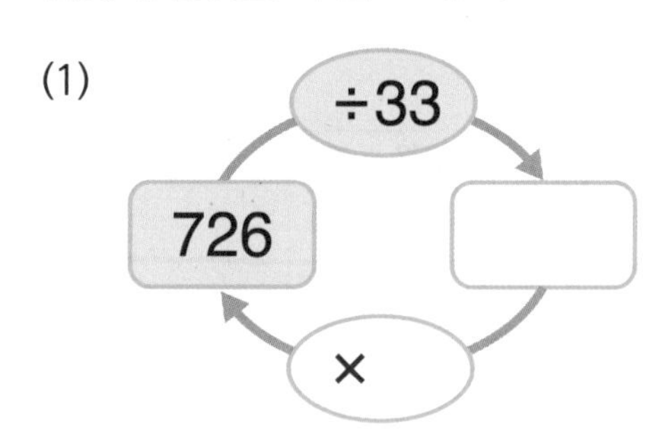

(2)

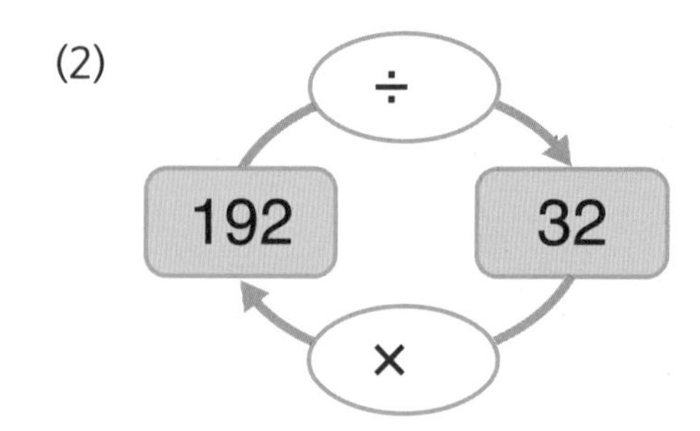

4 지은이네 학교의 4학년 학생은 213명이고, 3학년 학생은 4학년 학생보다 30명 더 많다고 합니다. 한 대에 40명이 탈 수 있는 버스로 3학년 학생들이 체험 학습을 가려고 합니다. 버스는 적어도 몇 대 필요할까요?

( )

5 어떤 수를 62로 나누어야 할 것을 잘못하여 26으로 나누었더니 몫이 22이고 나머지가 21이었습니다. 바르게 계산했을 때 몫과 나머지를 구하세요.

몫 ______ 나머지 ______

6 □ 안에 알맞은 수를 쓰세요.

(1)

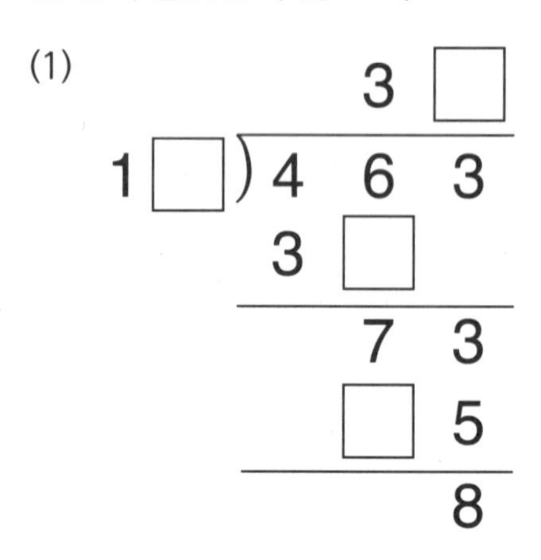

(2)

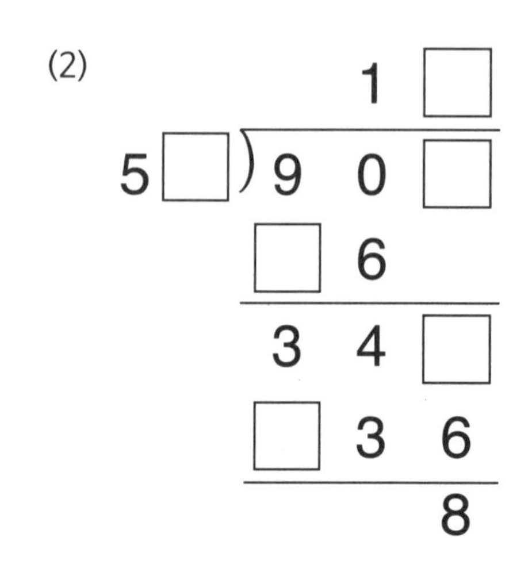

04 각도

· 학습계열표 ·

이전에 배운 내용

3-1 평면도형
- 선의 종류, 각, 직각
- 평면도형의 정의와 성질

▼

지금 배울 내용

4-1 각도
- 각도, 예각, 둔각
- 각도의 합과 차
- 삼각형/사각형의 모든 각의 크기의 합

▼

앞으로 배울 내용

4-2 삼각형
- 이등변삼각형, 정삼각형

4-2 사각형
- 여러 가지 사각형

• 학습기록표 •

학습 일차	학습 내용	날짜	맞은 개수	
			연산	응용
DAY 36	**각** 각의 종류	/	/8	/4
DAY 37	**각도의 합과 차①** 각도의 합과 차	/	/16	/4
DAY 38	**각도의 합과 차②** 모르는 각도 구하기	/	/8	/3
DAY 39	**도형에서의 각①** 삼각형에서 한 각의 크기 구하기	/	/8	/6
DAY 40	**도형에서의 각②** 사각형에서 한 각의 크기 구하기	/	/8	/4
DAY 41	**도형에서의 각③** 도형에서 각의 크기 구하기	/	/8	/4
DAY 42	**마무리 확인**	/	/19	

책상에 붙여 놓고
매일매일 기록해요.

4. 각도

각도

각도(각의 크기): 각의 두 변이 벌어진 정도

(가)

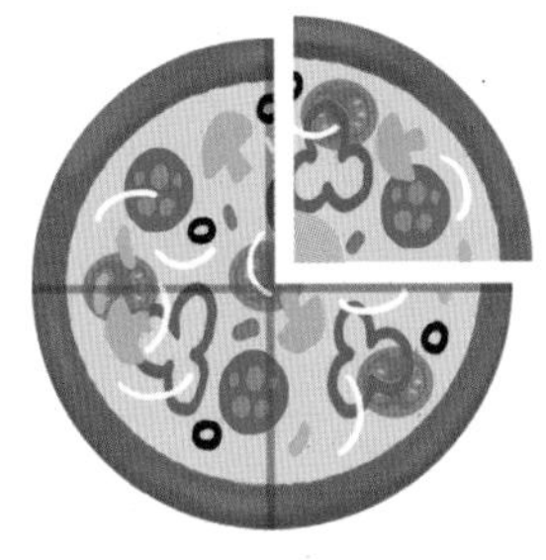

(나)

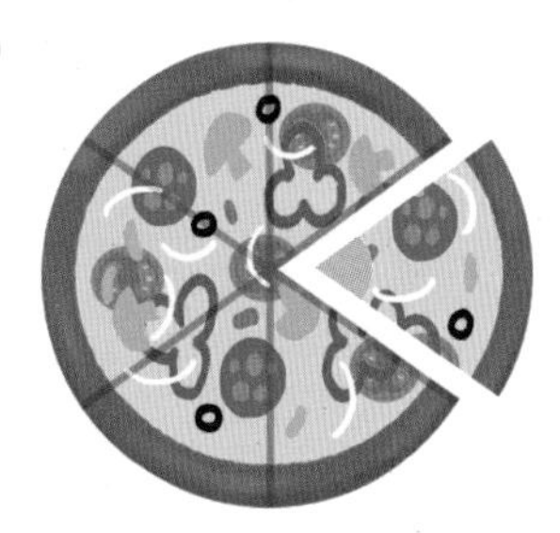

(가)의 피자 한 조각의 크기가
(나)의 피자 한 조각의 크기보다 큽니다.

(가)의 각의 크기가 (나)의 각의 크기보다 큽니다.
각의 크기는 변의 길이나 방향에 관계없이 두 변이 많이 벌어질수록 큽니다.

각은 3학년 때 배웠어.
한 점에서 그은 두 반직선으로 이루어진
도형을 '각'이라고 해.

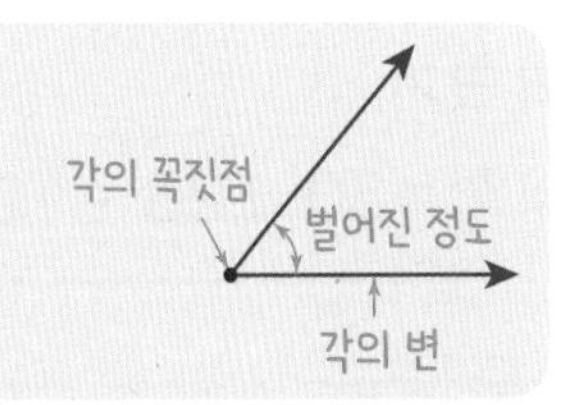

예각, 직각, 둔각

약속 **예각**
각도가 0°보다 크고
직각보다 작은 각

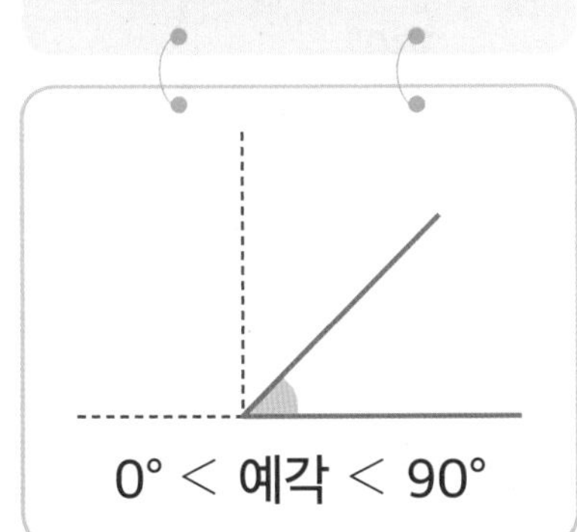

직각
두 직선이 만나서
이루는 각이 90°인 각

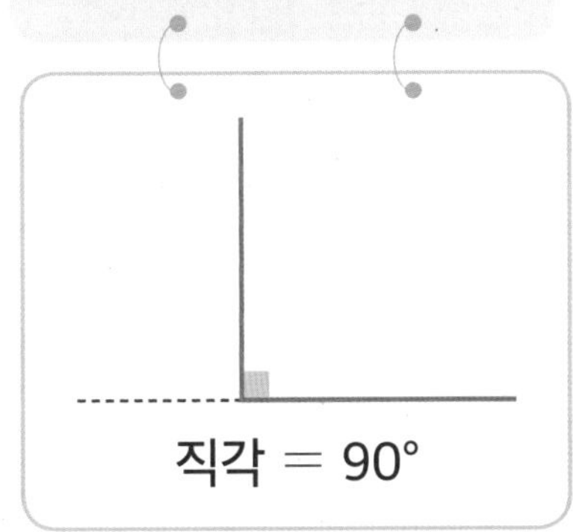

둔각
각도가 직각보다 크고
180°보다 작은 각

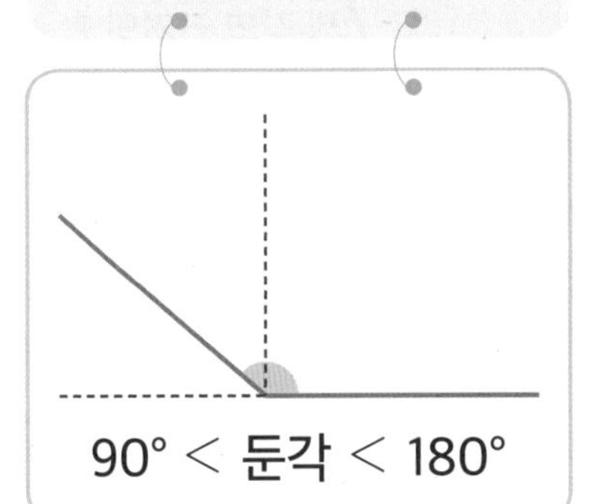

각도의 합과 차

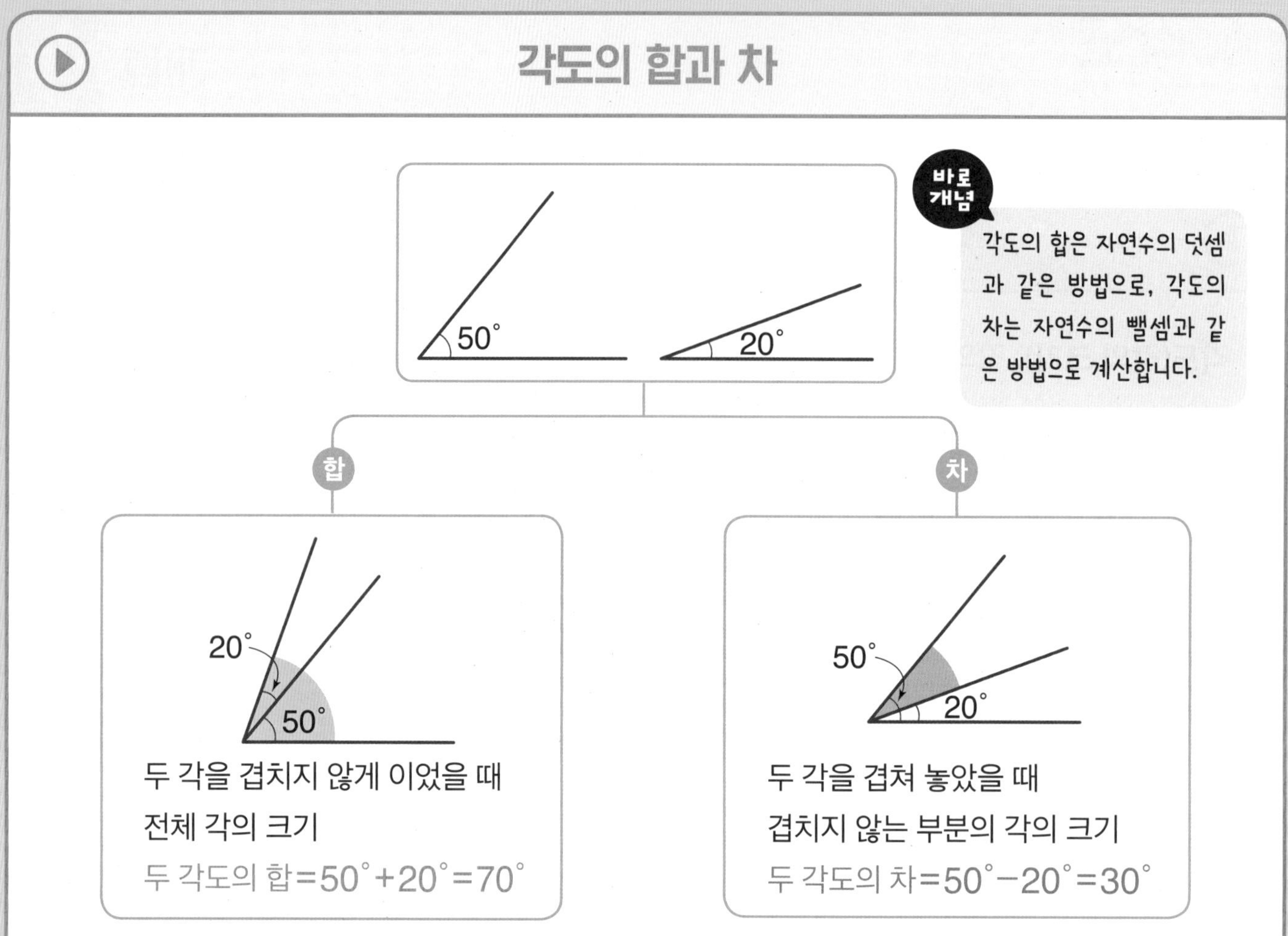

삼각형의 세 각의 크기의 합

사각형의 네 각의 크기의 합

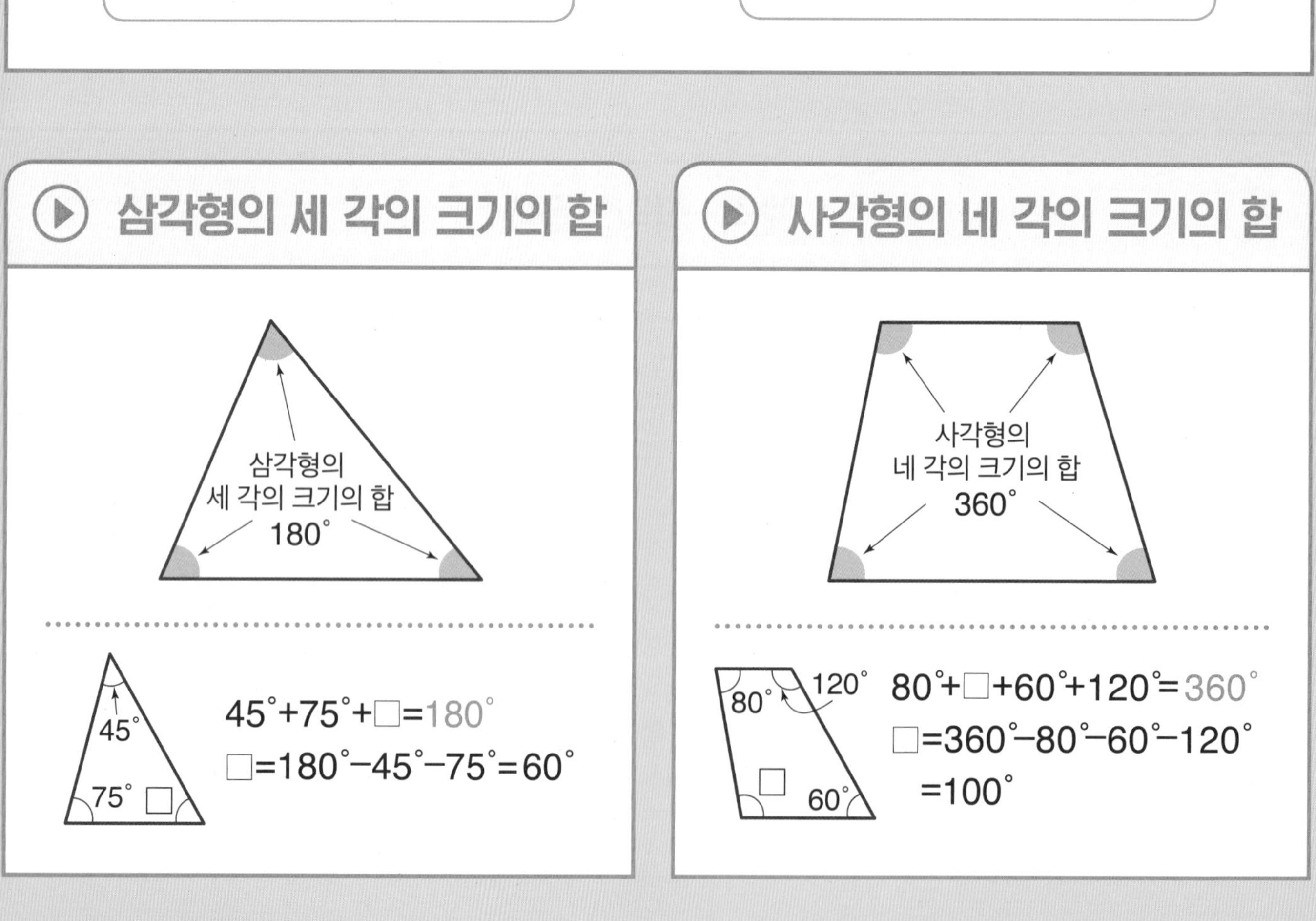

도형에서 예각 또는 둔각의 개수를 구하세요.

1

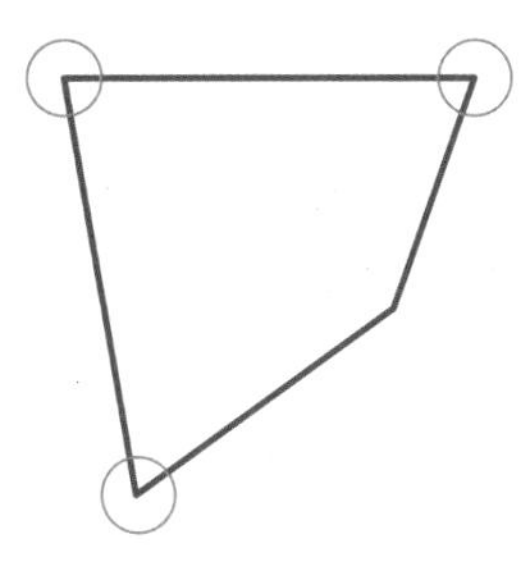

예각: 3 개

2

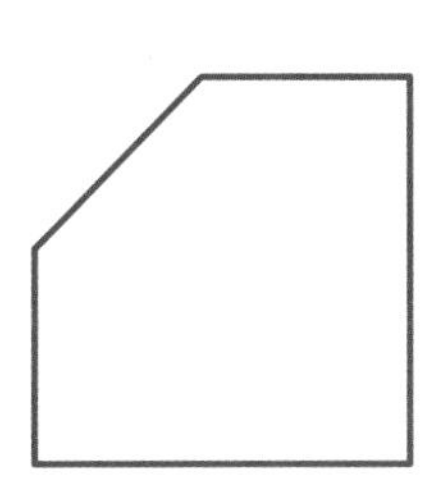

예각: ______ 개

3

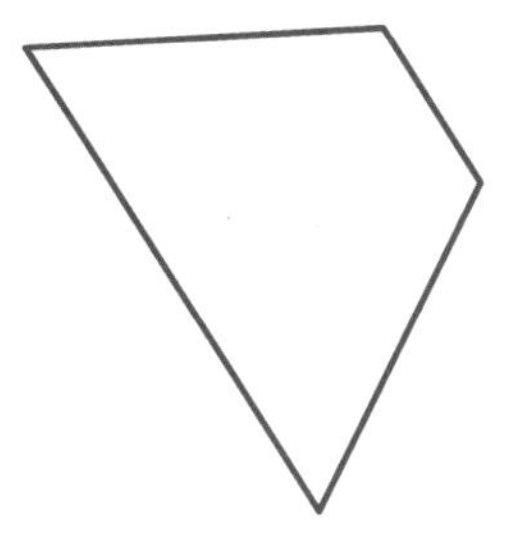

예각: ______ 개

4

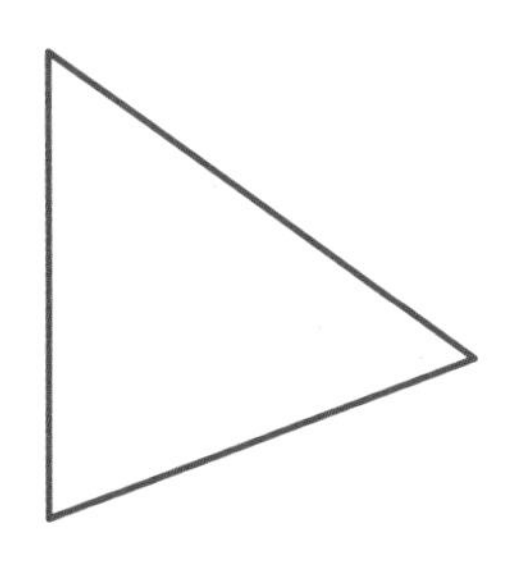

예각: ______ 개

5

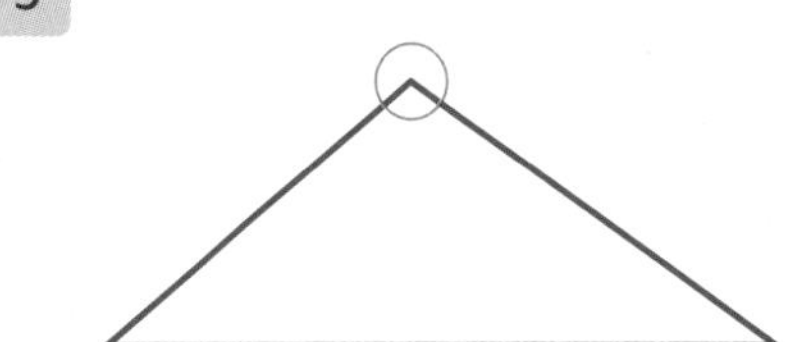

직각(⌞)을 기준으로 생각해 봐!

둔각: 1 개

6

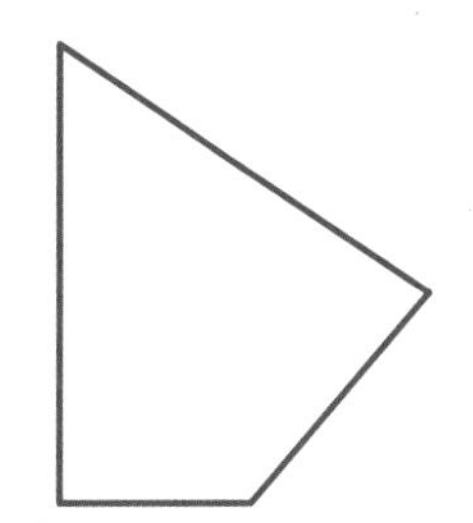

둔각: ______ 개

7

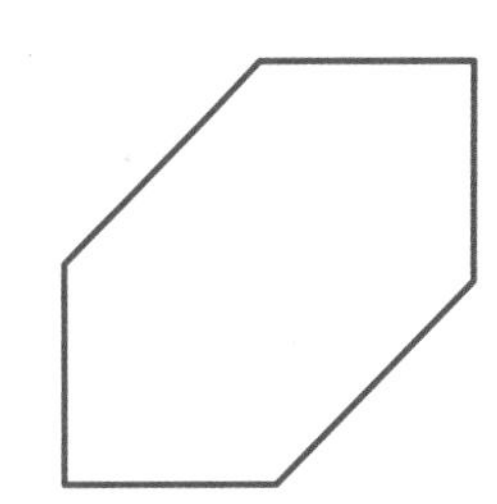

둔각: ______ 개

8

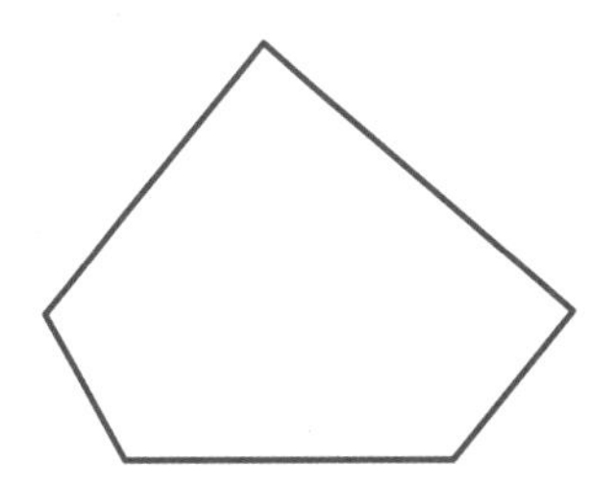

둔각: ______ 개

응용 up 각

DAY 36

1 직선을 크기가 같은 각으로 나누었습니다. 그림에서 찾을 수 있는 크고 작은 예각은 모두 몇 개일까요?

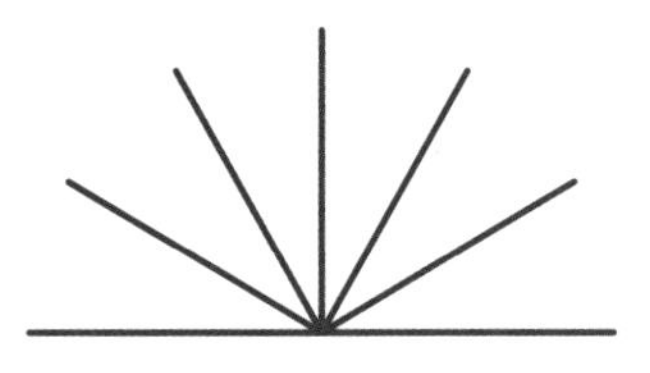

조건에 맞게 그리면서 알아봐!

- 각 1개로 이루어진 예각( ): 6개
- 각 2개로 이루어진 예각( ): 5개
- 각 3개로 이루어진 예각( ): 0개 나누어진 각 3개가 모이면 90° → 예각X

→ 6+5=11(개)

답 11개

3 직선을 크기가 같은 각으로 나누었습니다. 그림에서 찾을 수 있는 크고 작은 둔각은 모두 몇 개일까요?

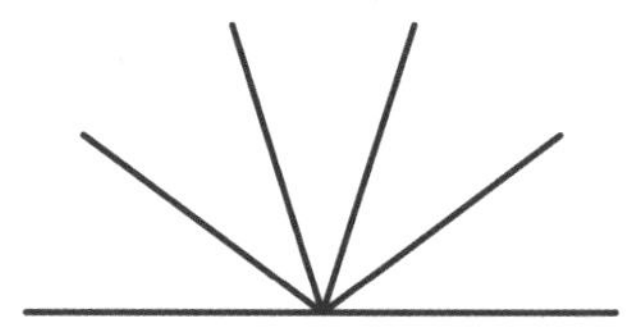

답

2 직선을 크기가 같은 각으로 나누었습니다. 그림에서 찾을 수 있는 크고 작은 예각은 모두 몇 개일까요?

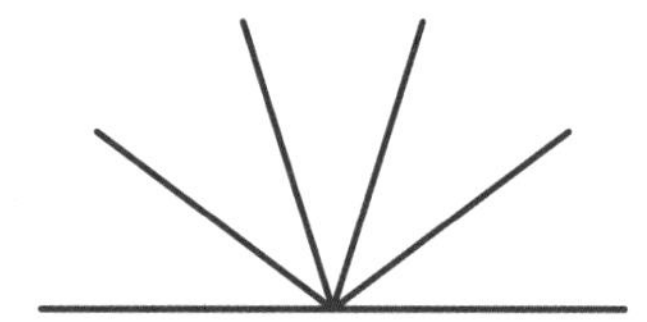

답

4 직선을 크기가 같은 각으로 나누었습니다. 그림에서 찾을 수 있는 크고 작은 둔각은 모두 몇 개일까요?

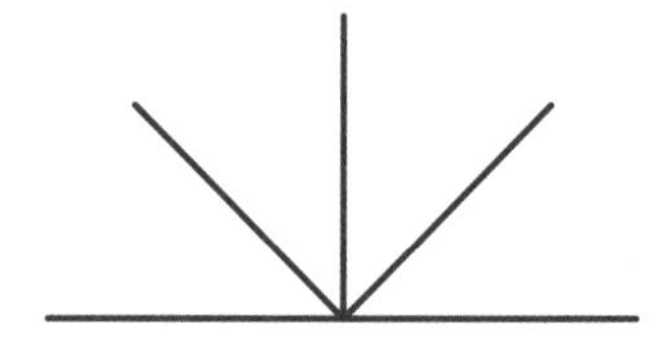

답

각도의 합과 차① 각도의 합과 차

연산 up

각도의 합 또는 차를 구하세요.

1 $20° + 30° = 50°$

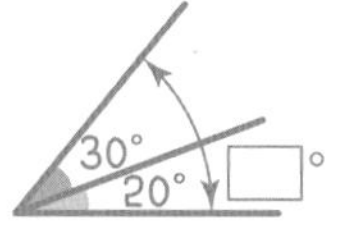

두 각을 겹치지 않게 이었을 때 전체 각의 크기

2 $45° + 55° =$

3 $72° + 85° =$

4 $25° + 97° =$

5 $37° + 145° =$

6 $175° + 70° =$

7 $206° + 32° =$

8 $120° + 163° =$

9 $125° - 70° = 55°$

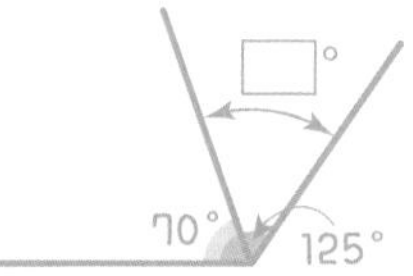

두 각을 겹쳐 놓았을 때, 겹치지 않는 부분의 각의 크기

10 $145° - 60° =$

11 $120° - 45° =$

12 $205° - 10° =$

13 $195° - 27° =$

14 $145° - 55° =$

15 $200° - 73° =$

16 $127° - 80° =$

각도의 합은 자연수의 덧셈으로, 각도의 차는 자연수의 뺄셈으로!

응용 UP

각도의 합과 차①

| 시침과 분침이 만드는 다양한 각도 |

시계에서 시침과 분침이 벌어진 정도에 따라 각의 크기가 달라집니다. 주어진 시각을 시계에 그리고 보기 의 각도를 이용하여 시침과 분침이 이루는 작은 쪽의 각도를 구하여 □ 안에 쓰세요.

보기

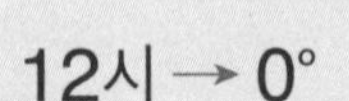
12시 → 0°

1시 → 30°

3시 → 90°

6시 → 180°

1

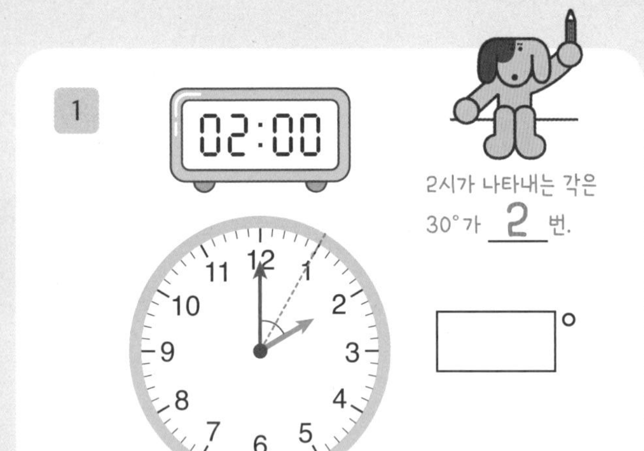

□°

2

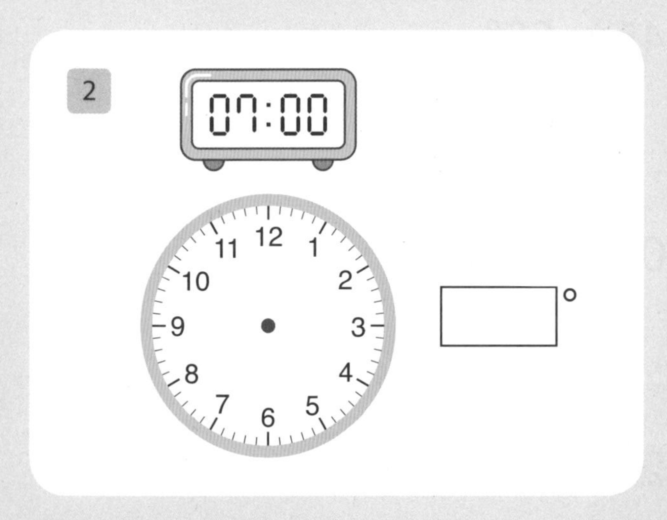

□°

3

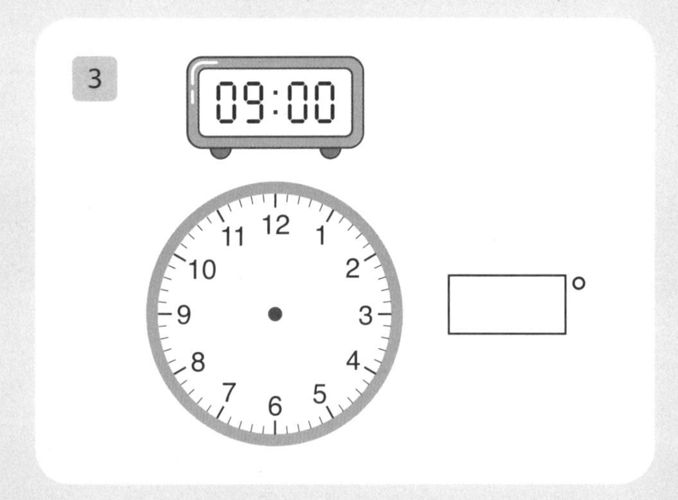

□°

4

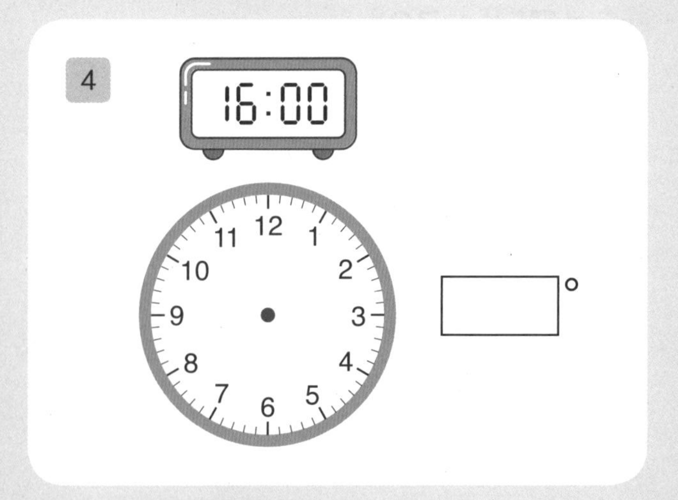

□°

DAY 38

각도의 합과 차② 모르는 각도 구하기

연산 up

□ 안에 알맞은 수를 쓰세요.

1

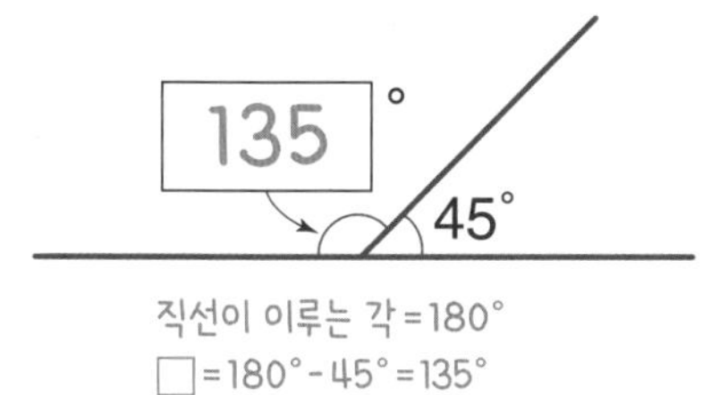

직선이 이루는 각 = 180°
□ = 180° - 45° = 135°

2

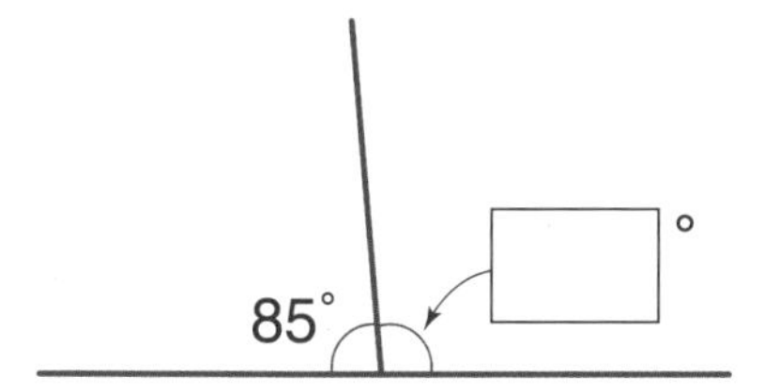

3

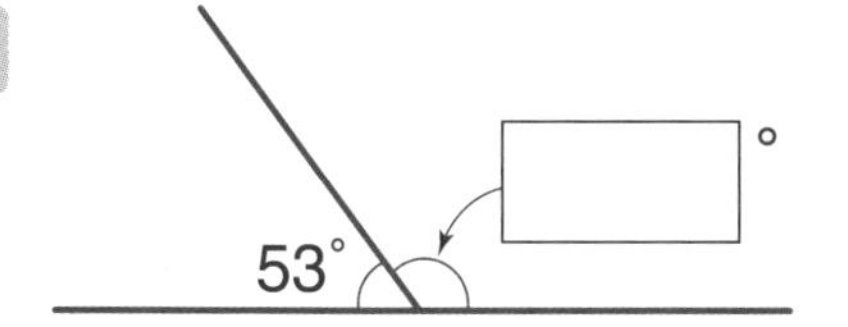

4

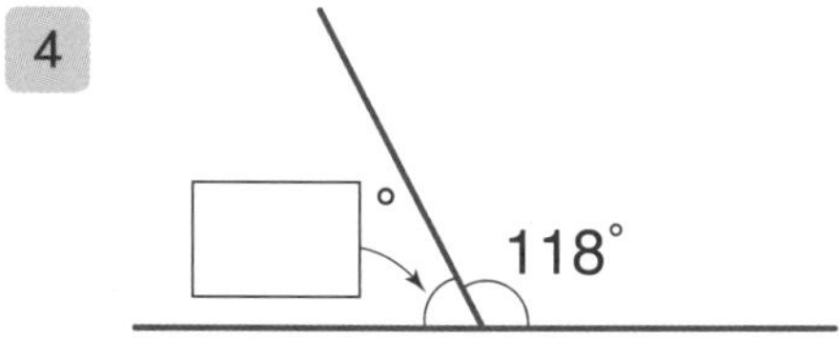

5

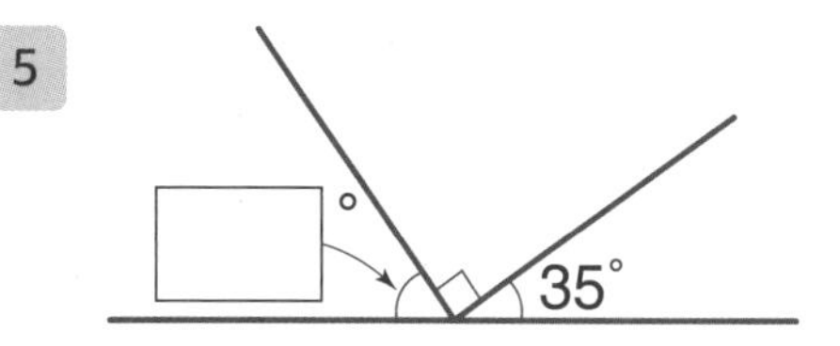

6

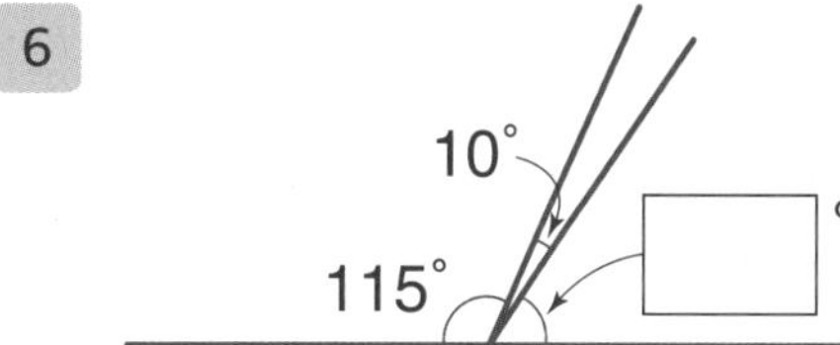

7

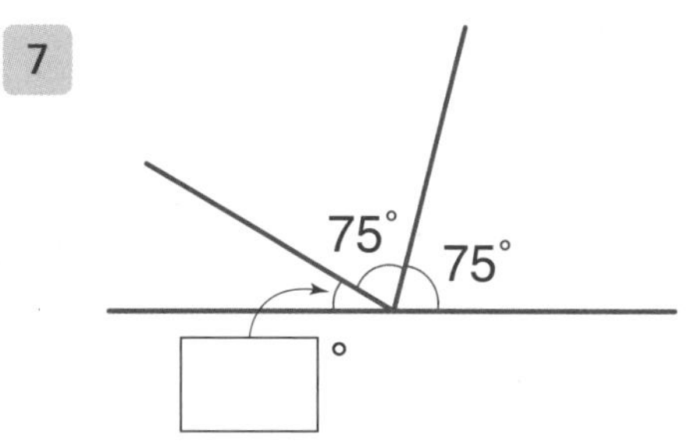

8

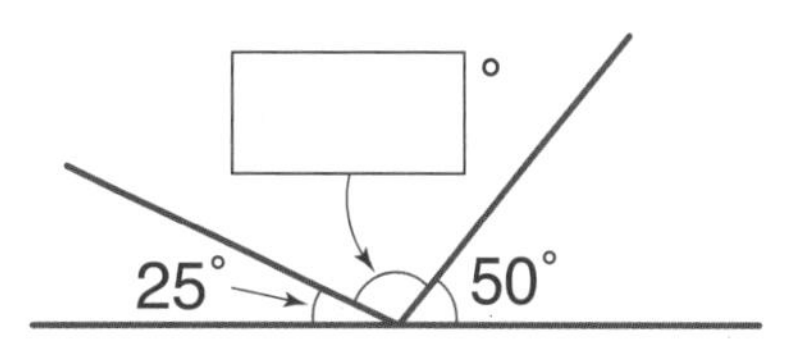

각도의 합과 차②

다음 도형 조각을 이용하여 원을 만들어 보세요.(단, 하나의 조각을 여러 번 사용해도 됩니다.)

활동지 131쪽

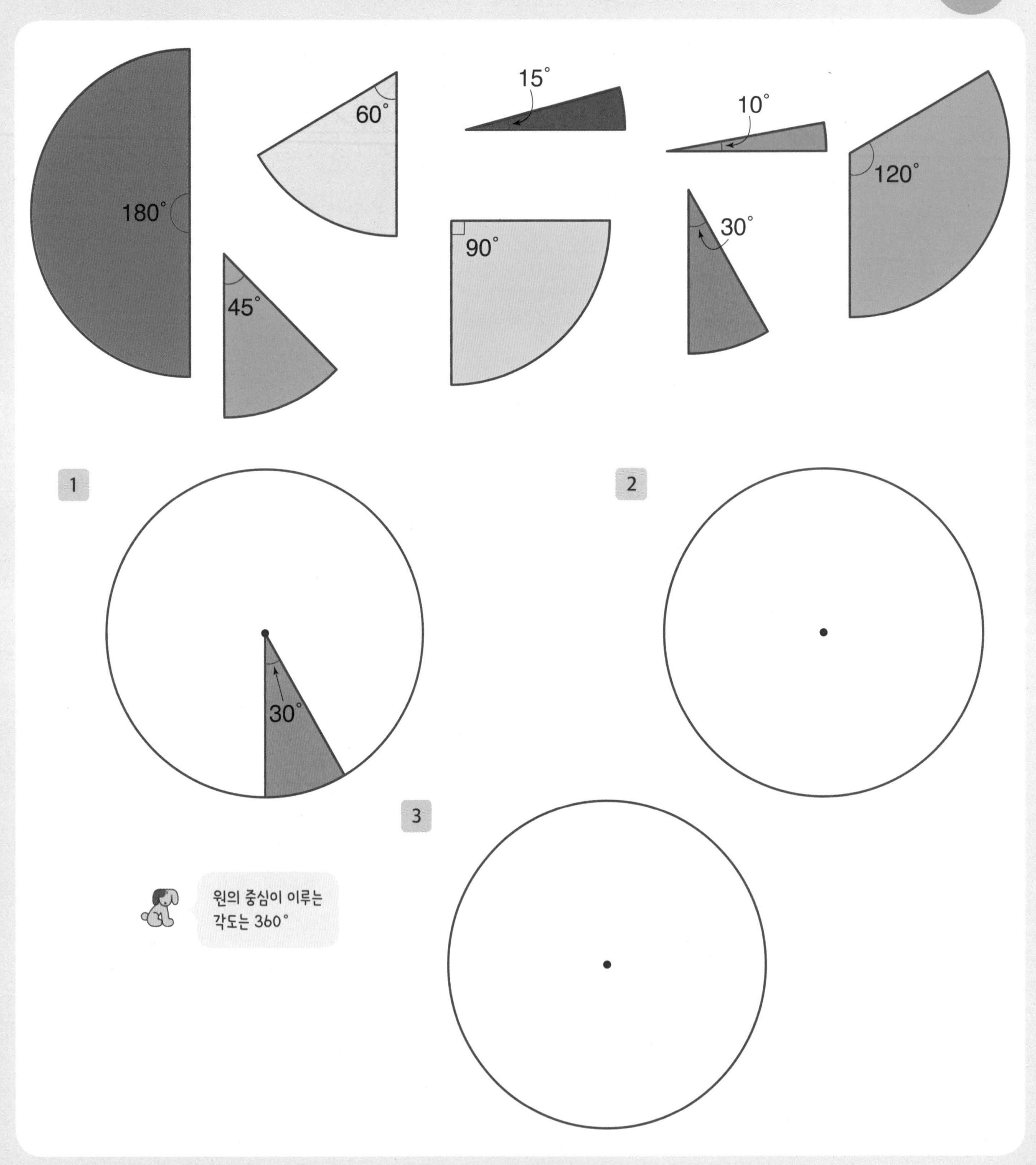

DAY 39

도형에서의 각 ① 삼각형에서 한 각의 크기 구하기

연산 up

□ 안에 알맞은 수를 쓰세요.

1
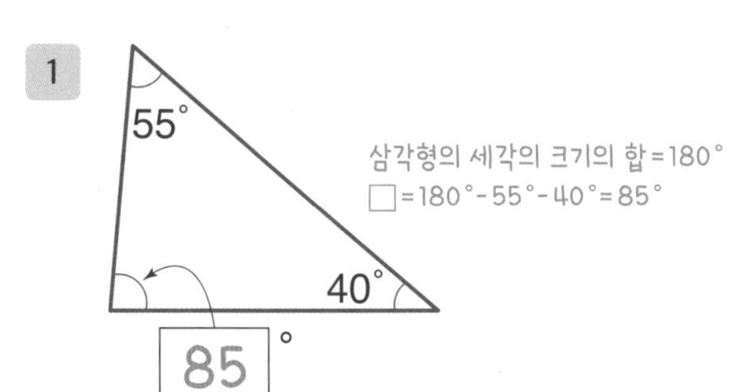

5
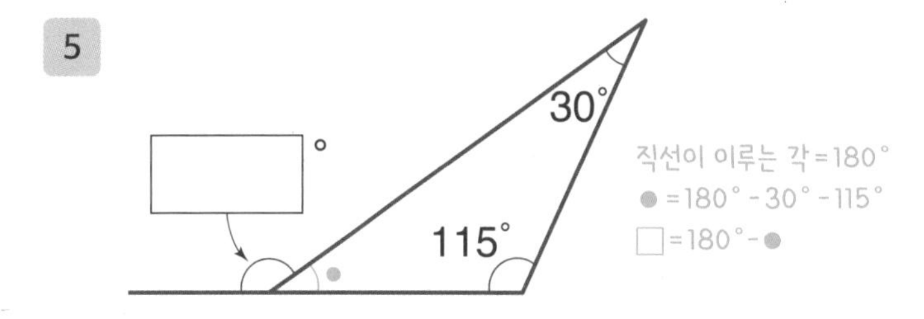

2
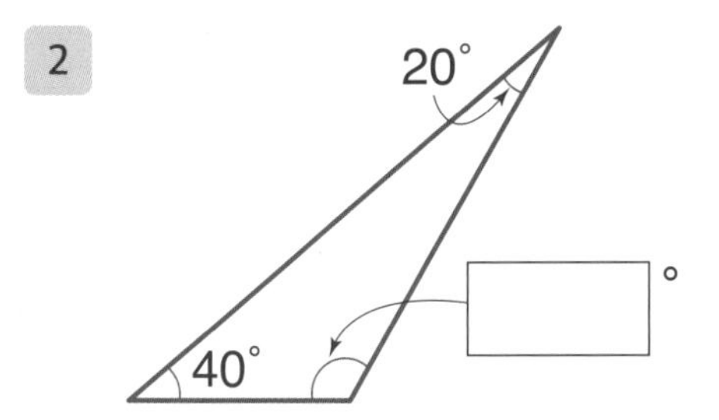

6
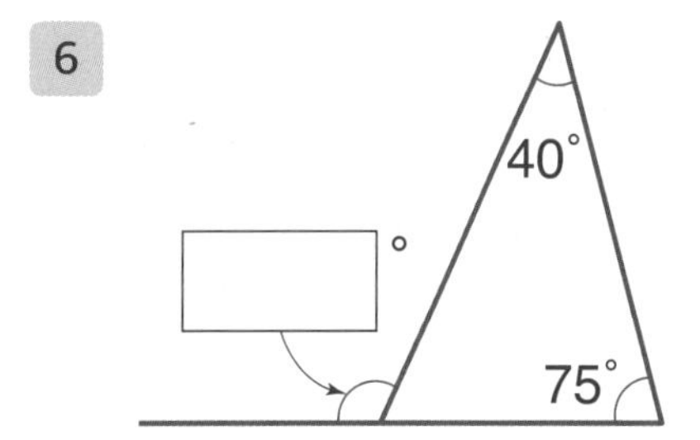

3
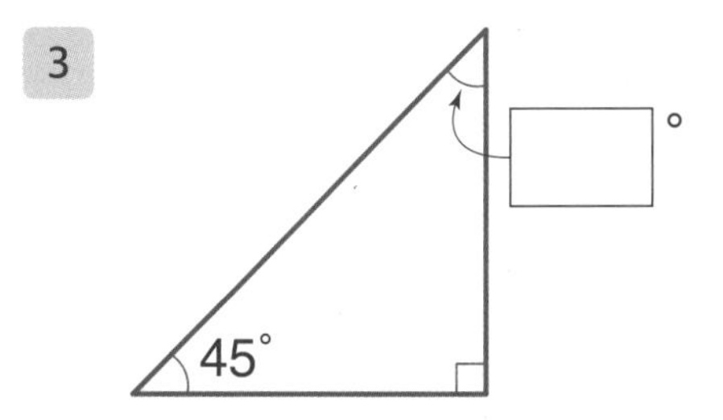

7
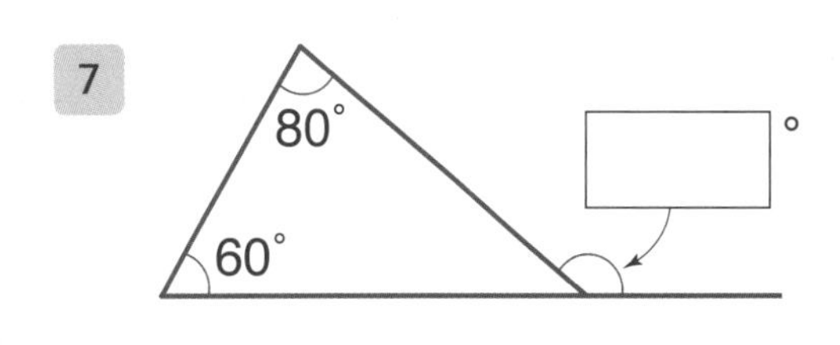

4
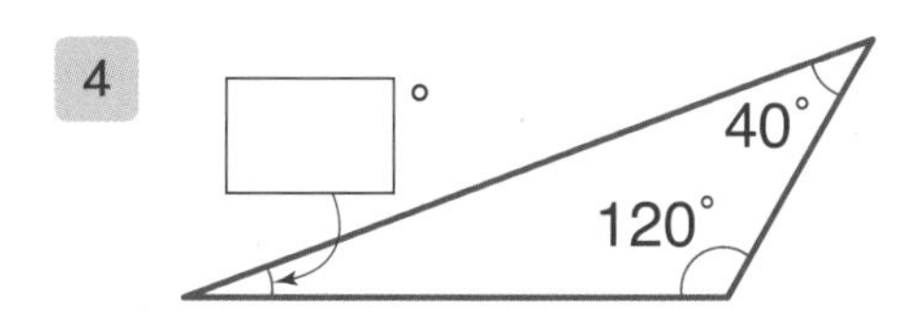

8
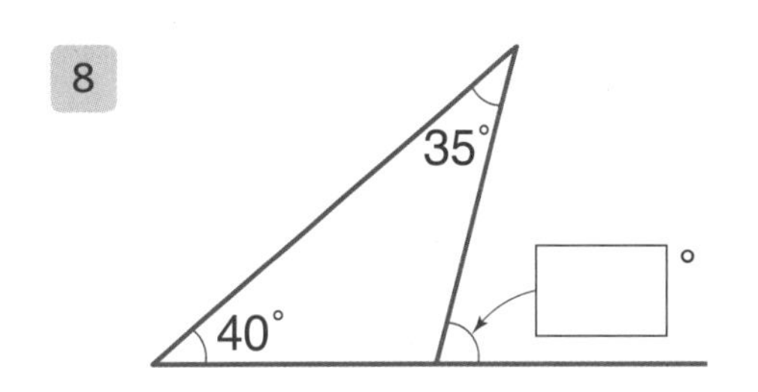

응용 up 도형에서의 각 ①

| 직각 삼각자에서 각도 구하기 |

직각 삼각자로 만들어진 각도를 구하세요.

1

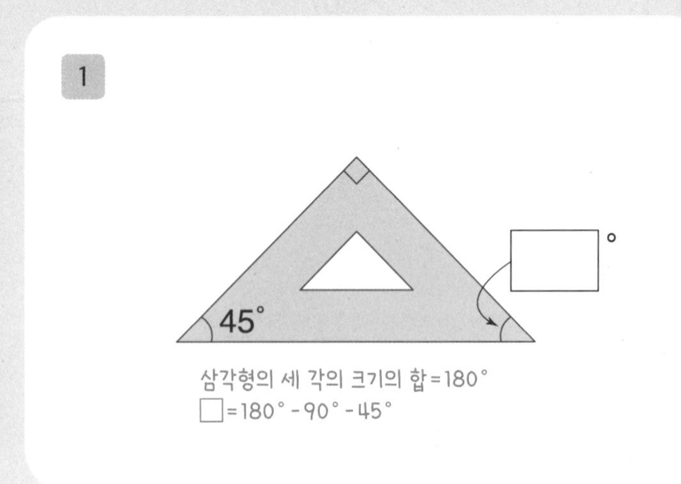

2

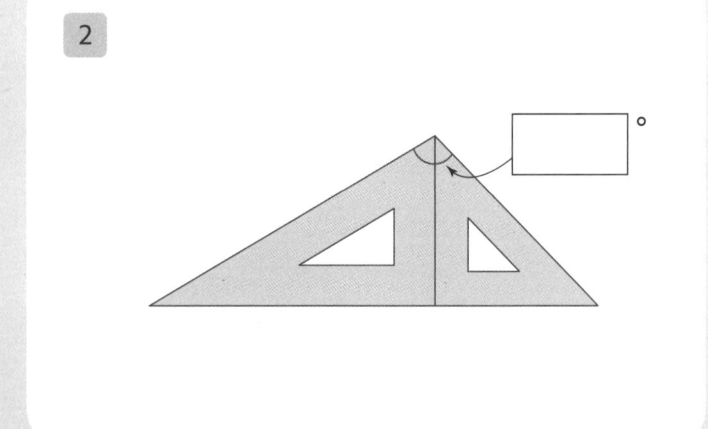

3

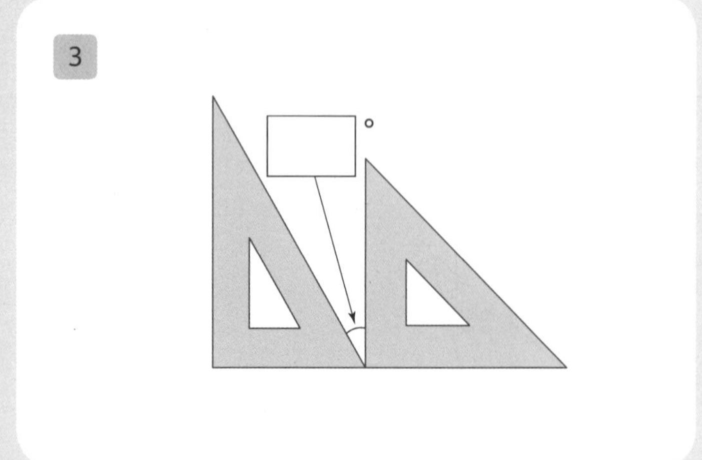

4

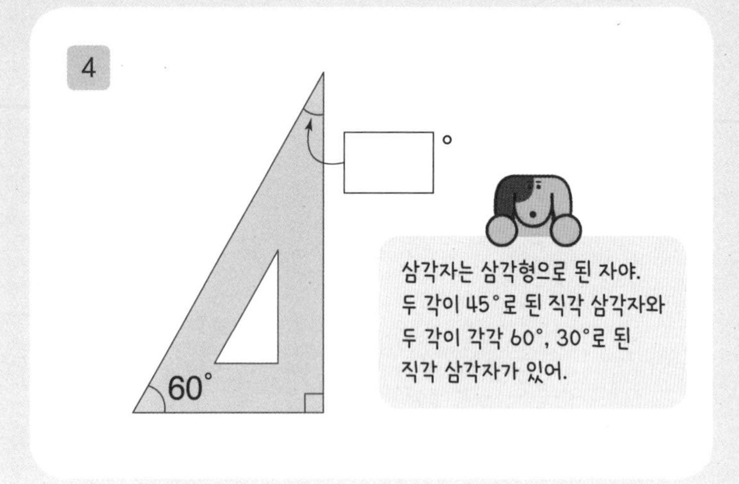

5

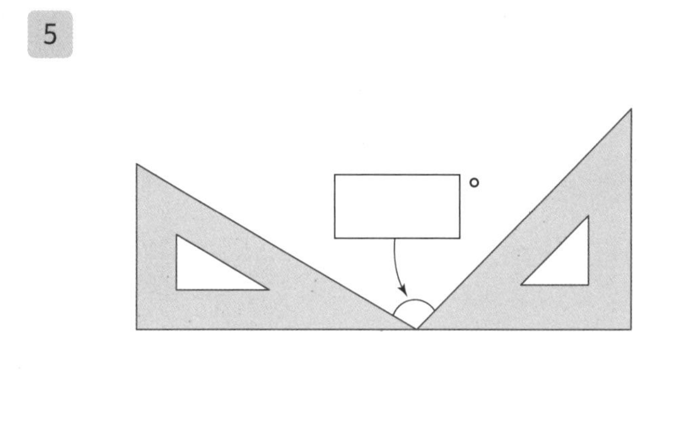

6

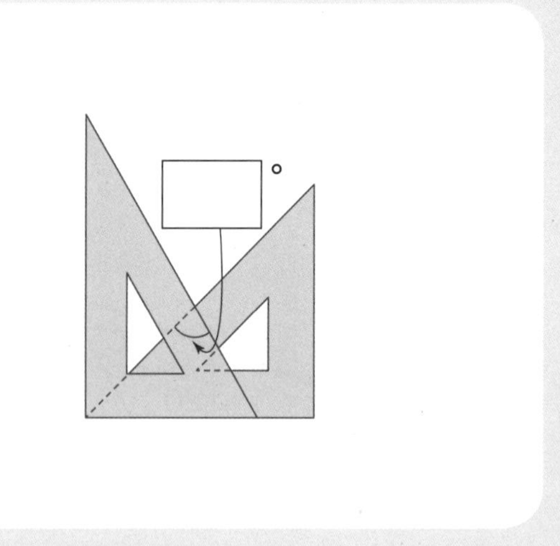

도형에서의 각② 사각형에서 한 각의 크기 구하기

□ 안에 알맞은 수를 쓰세요.

1
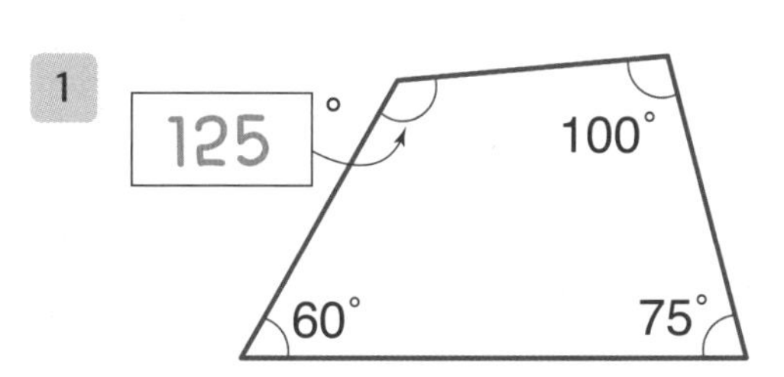

사각형의 네 각의 크기의 합 = 360°
□ = 360° − 60° − 75° − 100° = 125°

5
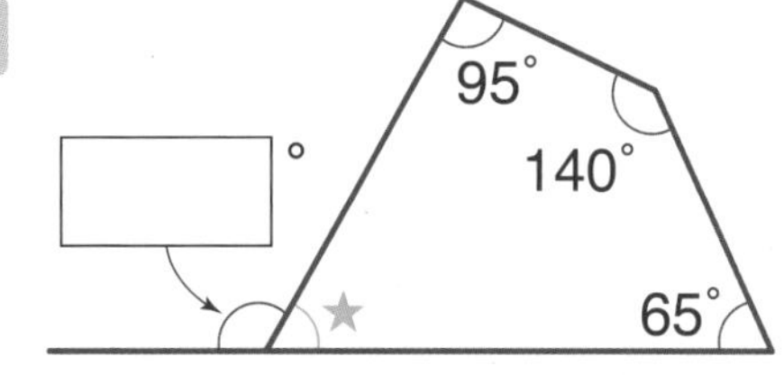

★ = 360° − 95° − 140° − 65° = 60°
□ = 180° − ★

직선이 이루는 각=180°

2
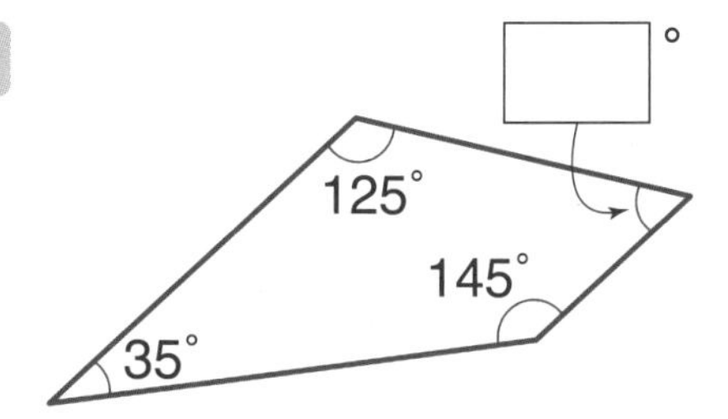

6
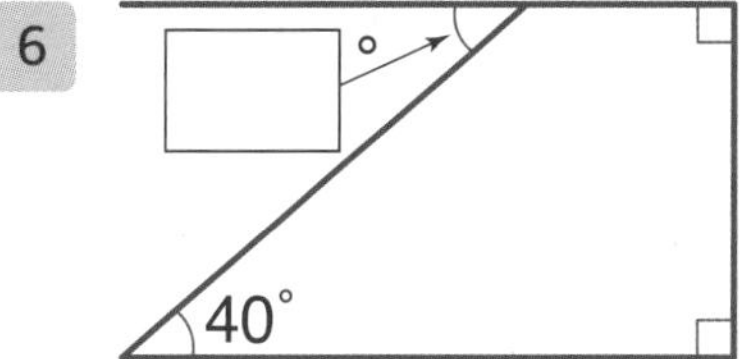

3
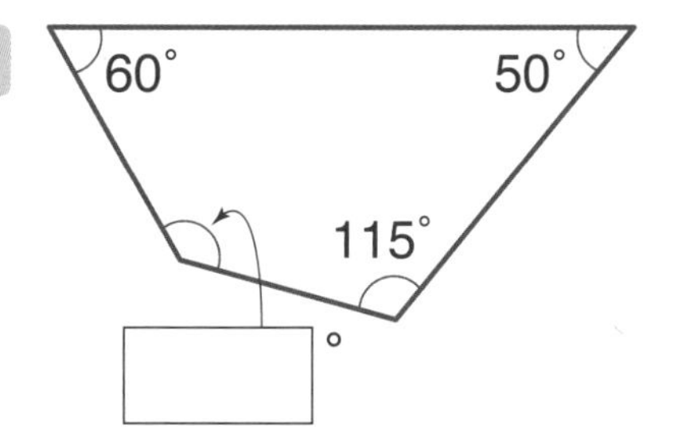

7
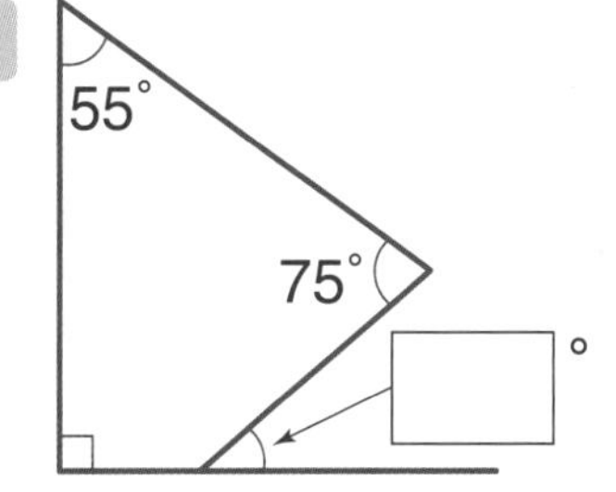

4
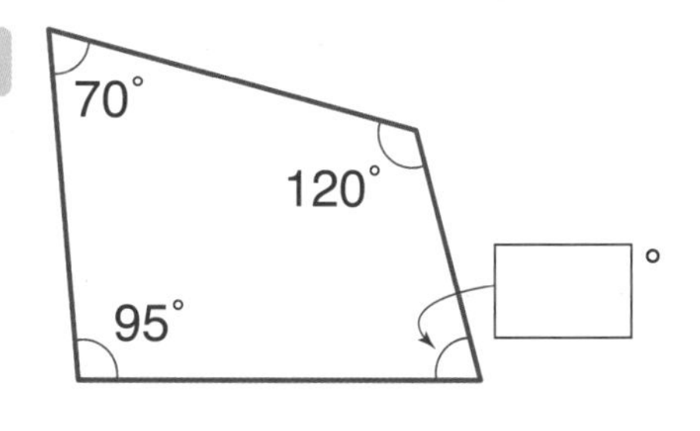

8
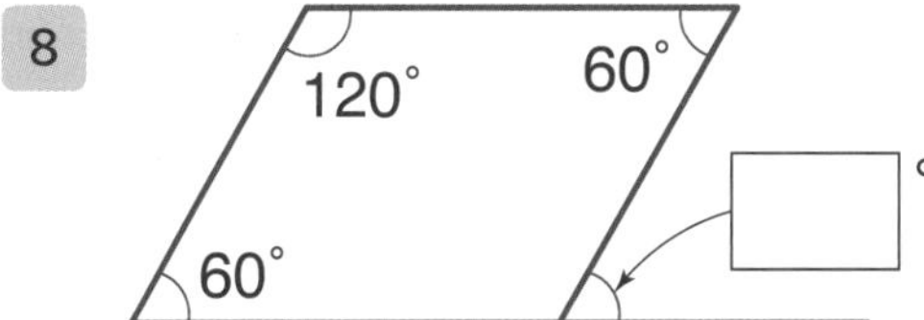

응용 up 도형에서의 각 ②

1 직사각형 모양의 종이를 그림과 같이 접었습니다. ㉠의 각도를 구하세요.

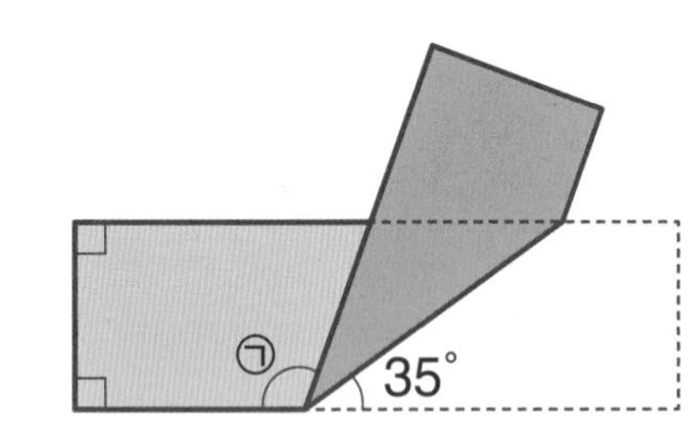

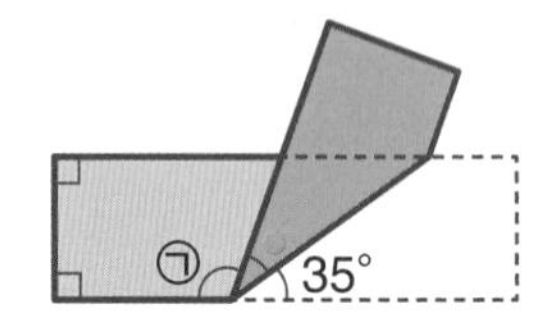

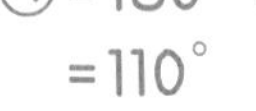

•=35°
㉠=180°-35°-35°
=110°

접었을 때 겹치는 각의 크기는 같아.

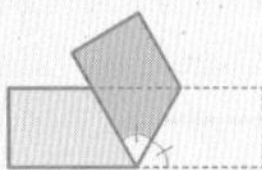

답 110°

3 직사각형 모양의 종이를 그림과 같이 접었습니다. ㉠의 각도를 구하세요.

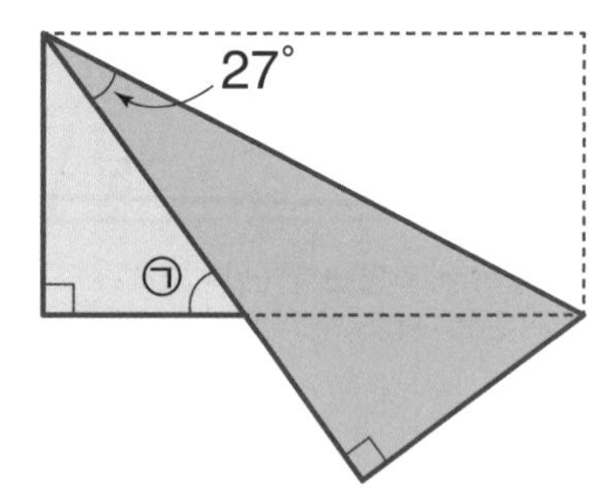

답

2 직사각형 모양의 종이를 그림과 같이 접었습니다. ㉠의 각도를 구하세요.

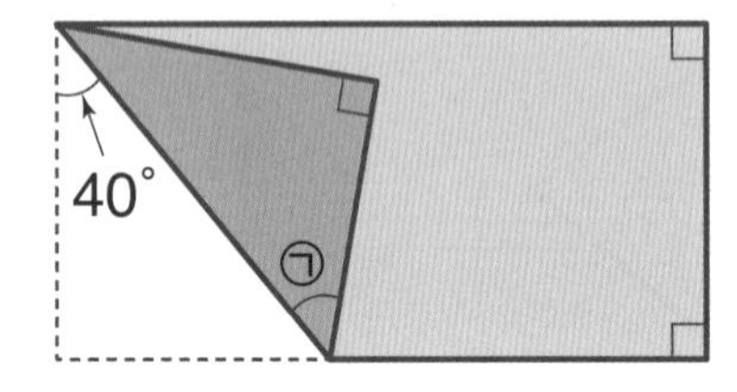

답

4 직사각형 모양의 종이를 그림과 같이 접었습니다. ㉠의 각도를 구하세요.

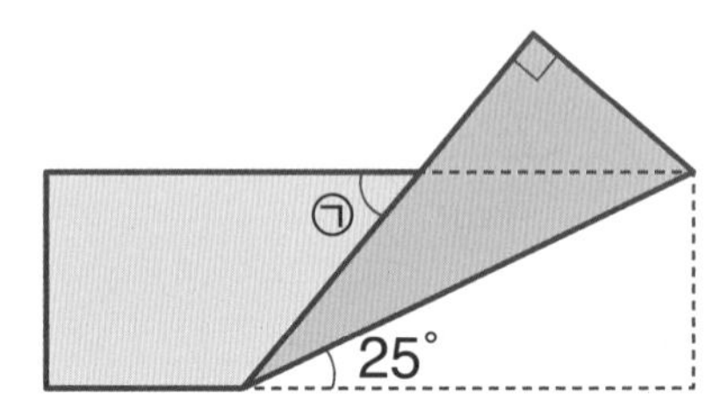

답

도형에서의 각 ③ 도형에서 각의 크기 구하기

□ 안에 알맞은 수를 쓰세요.

1

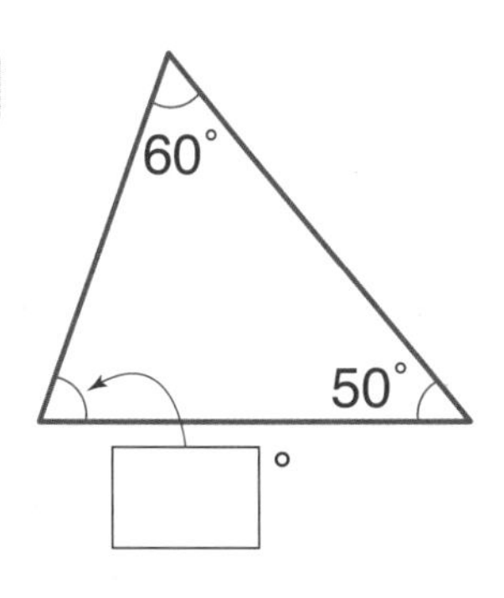

□=180°-60°-50°

2

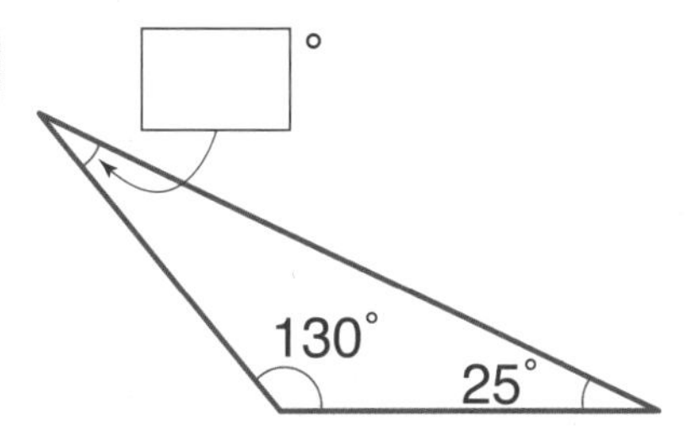

3

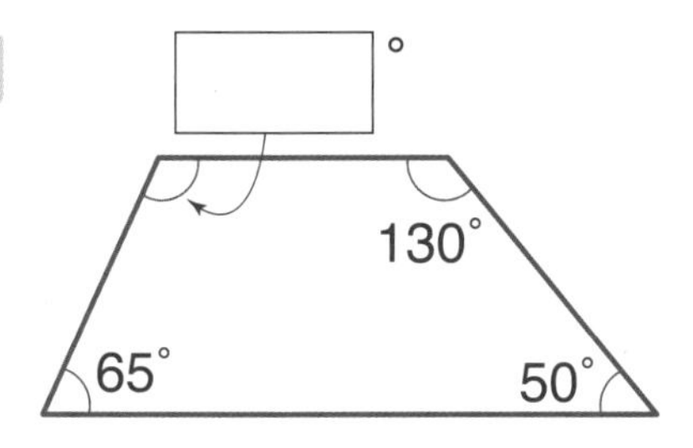

4

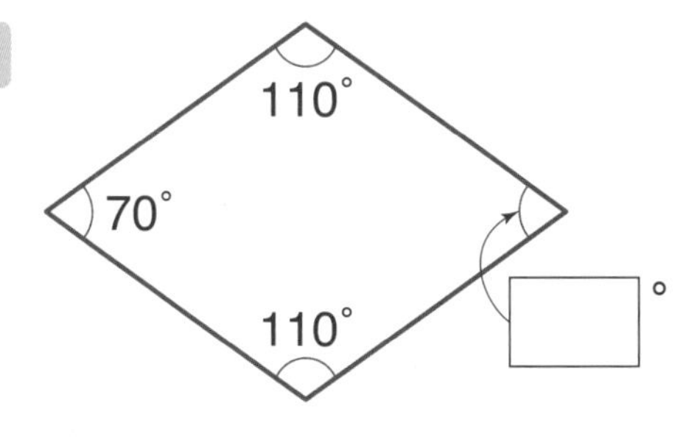

5

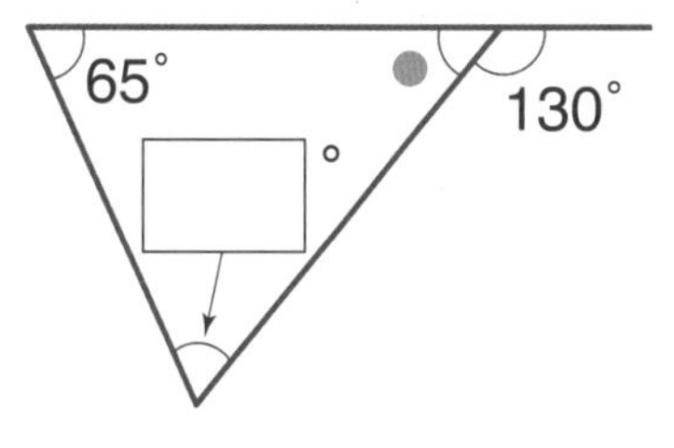

●=180°-130°=50°

□=180°-65°-50°

6

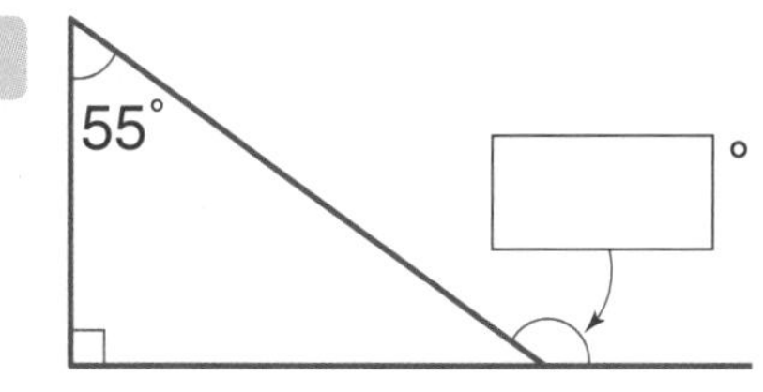

7

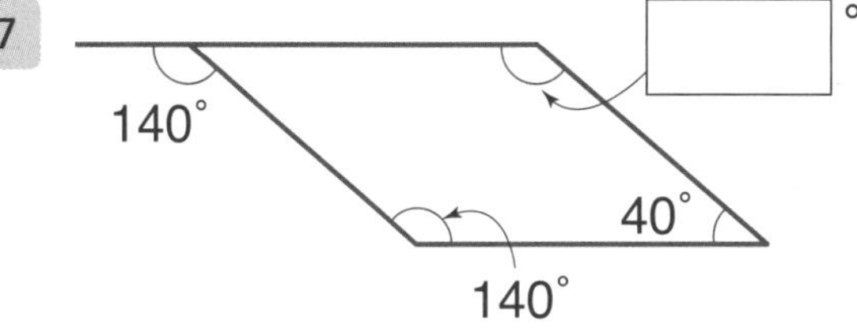

8

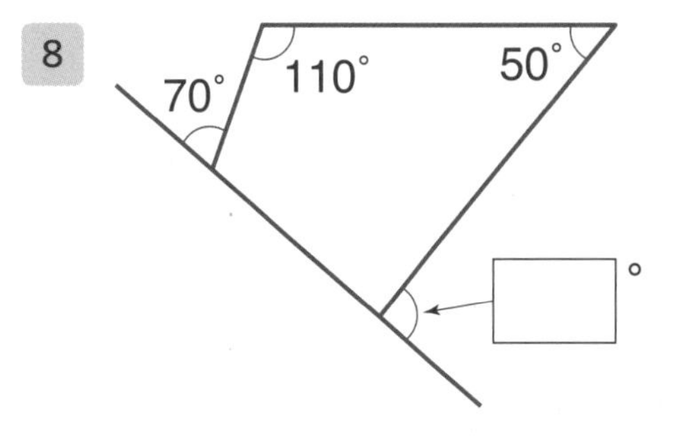

응용 UP 도형에서의 각③

1 삼각형에서 ㉠과 ㉡의 각도의 합을 구하세요.

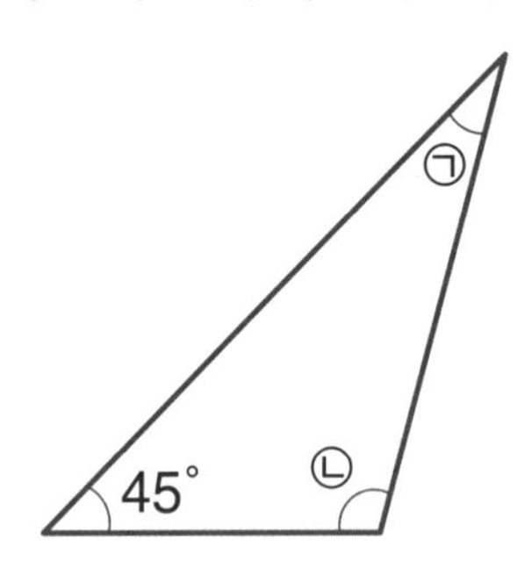

삼각형의 세 각의 크기의 합은 180°

㉠ + ㉡ = 180° - 45°

답 ____________

2 삼각형에서 ㉠의 각도를 구하세요.

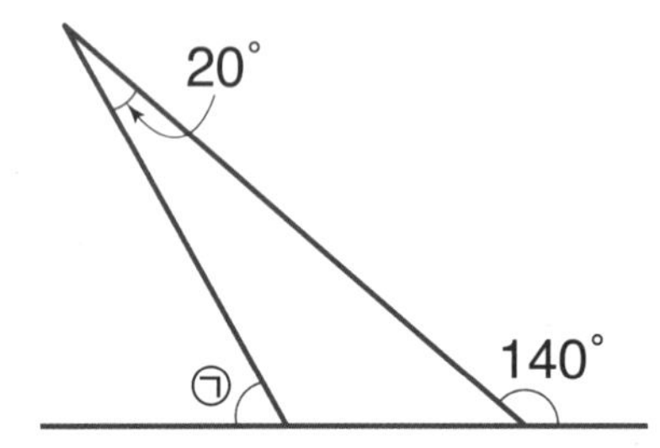

답 ____________

3 사각형에서 ㉠과 ㉡의 각도의 합을 구하세요.

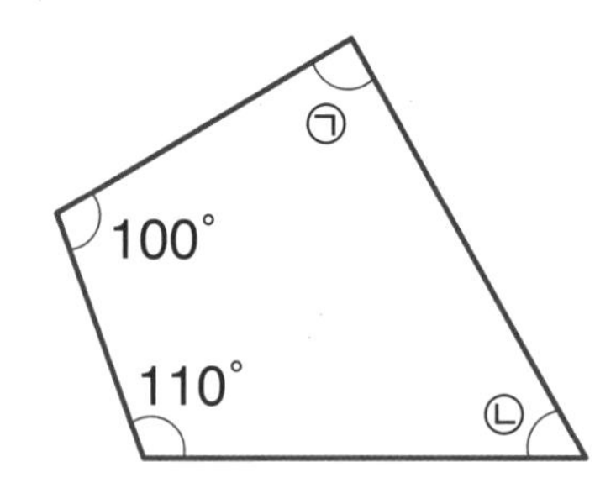

답 ____________

4 사각형에서 ㉠의 각도를 구하세요.

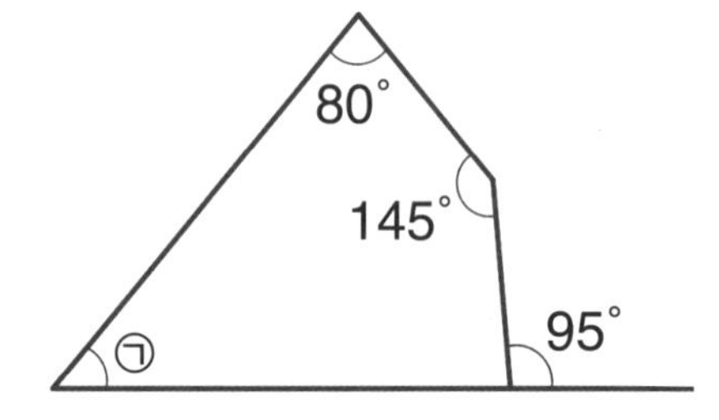

답 ____________

DAY 42

마무리 확인

연산 평가 up

1 도형에서 예각과 둔각은 각각 몇 개일까요?

(1)

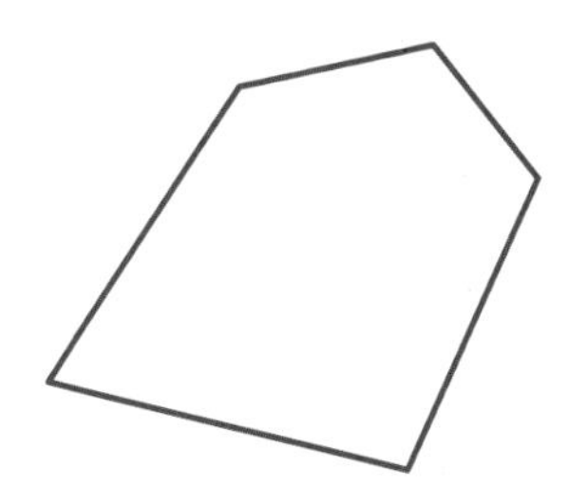

예각: ________개

둔각: ________개

(2)

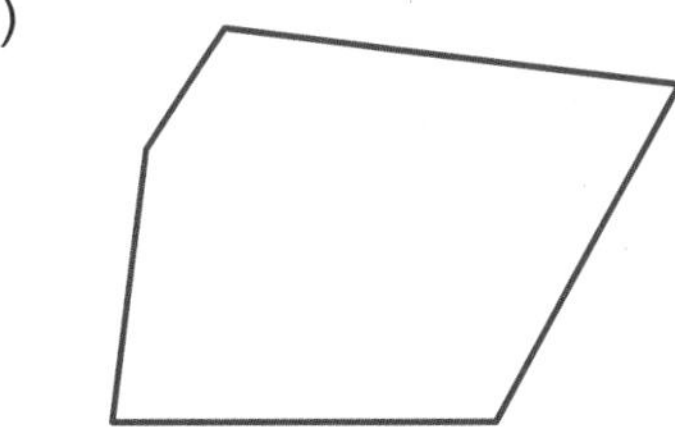

예각: ________개

둔각: ________개

2 각도의 합 또는 차를 구하세요.

(1) $145^\circ + 35^\circ =$

(2) $173^\circ - 65^\circ =$

(3) $44^\circ + 120^\circ =$

(4) $200^\circ - 75^\circ =$

(5) $72^\circ + 70^\circ =$

(6) $225^\circ - 137^\circ =$

3 □ 안에 알맞은 수를 쓰세요.

(1)

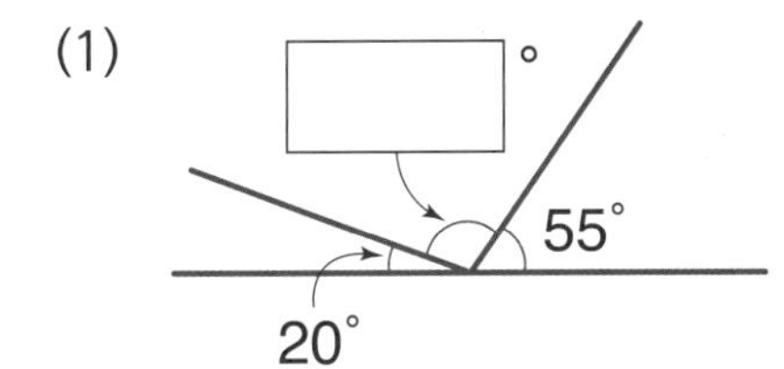

(2)

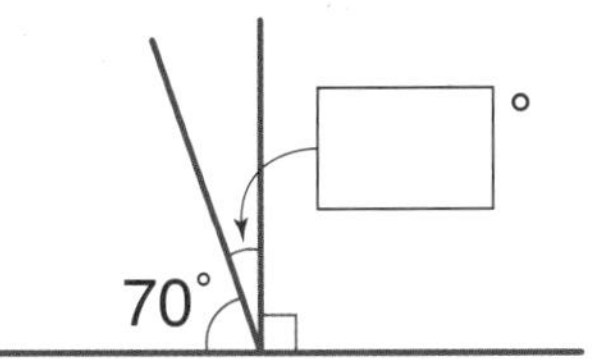

4 □ 안에 알맞은 수를 쓰세요.

(1)

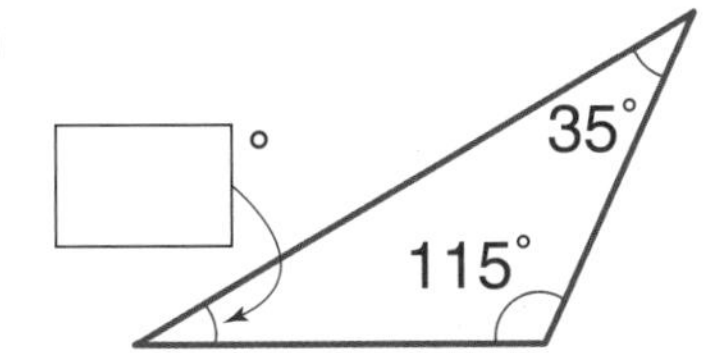

(2)

□°
110°
80°
70°

5 □ 안에 알맞은 수를 쓰세요.

(1)

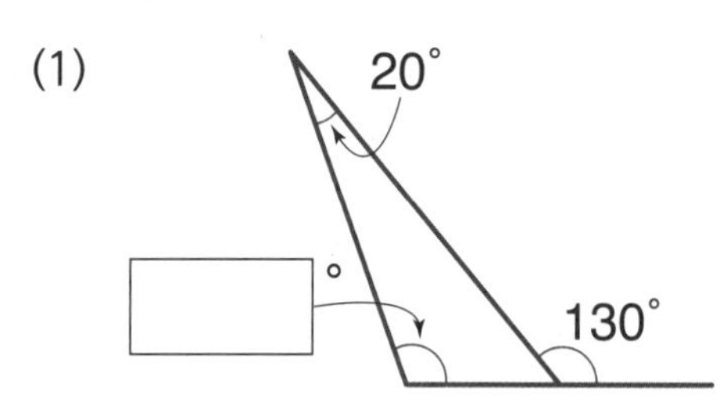

(2)

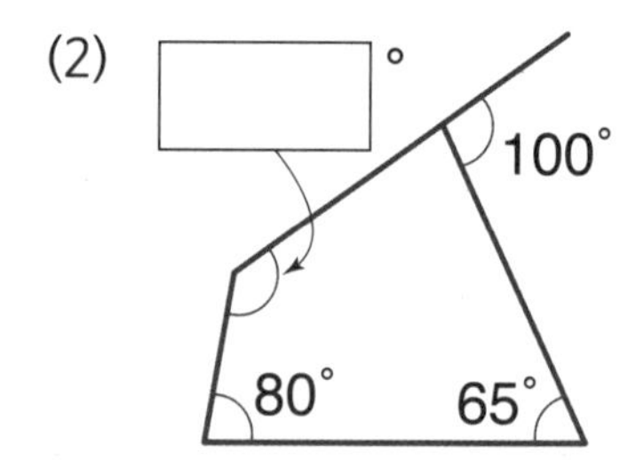

6 직선을 크기가 같은 각으로 나누었습니다. 그림에서 찾을 수 있는 크고 작은 둔각은 모두 몇 개일까요?

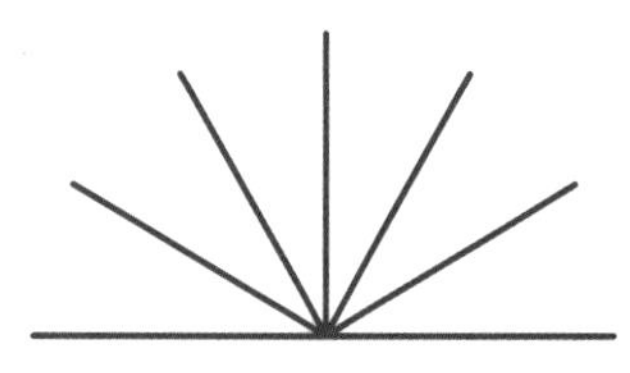

(　　　　　　　)

7 직각 삼각자로 만들어진 각도를 구해 보세요.

(1)

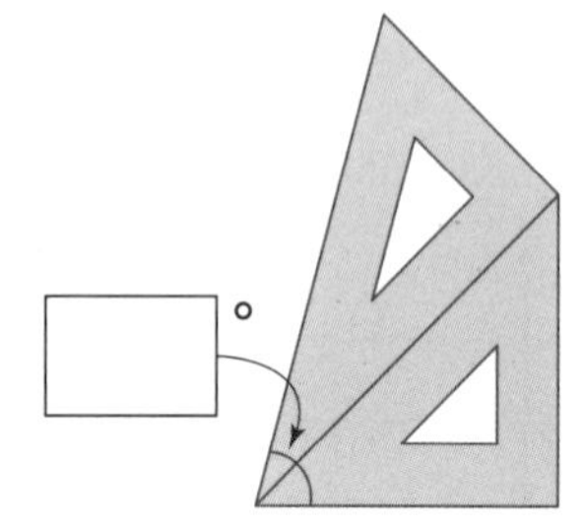

(2)

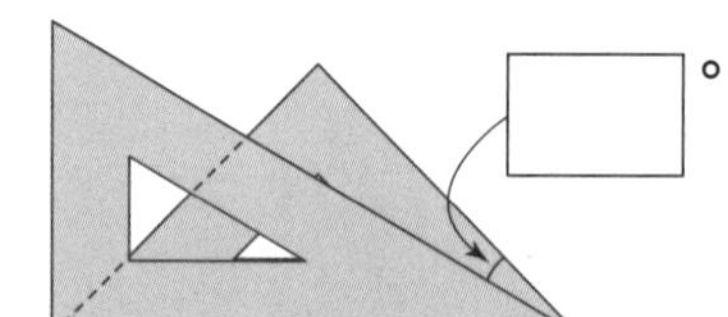

8 ㉠과 ㉡의 각도의 합을 구하세요.

(1)

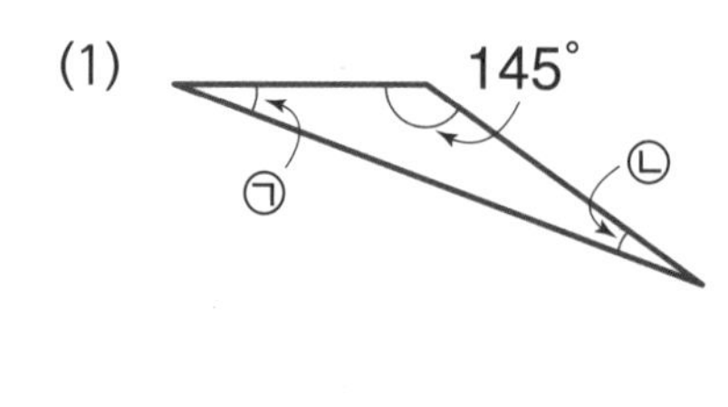

(　　　　　　　)

(2)

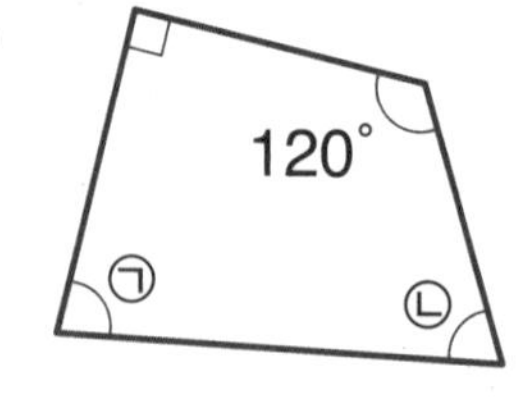

(　　　　　　　)

05
평면도형의 이동

· 학습계열표 ·

이전에 배운 내용

3-1 평면도형
- 직각삼각형
- 직사각형, 정사각형

▼

지금 배울 내용

4-1 평면도형의 이동
- 평면도형 밀기, 뒤집기, 돌리기

▼

앞으로 배울 내용

4-2 삼각형
- 이등변삼각형, 정삼각형

4-2 사각형
- 여러 가지 사각형

• 학습기록표 •

학습 일차	학습 내용	날짜	맞은 개수	
			연산	응용
DAY 43	**평면도형의 이동①** 도형 뒤집기	/	/12	/4
DAY 44	**평면도형의 이동②** 도형 돌리기	/	/10	/3
DAY 45	**평면도형의 이동③** 도형 뒤집고 돌리기	/	/5	/4
DAY 46	**마무리 확인**	/	/16	

5. 평면도형의 이동

평면도형 밀기

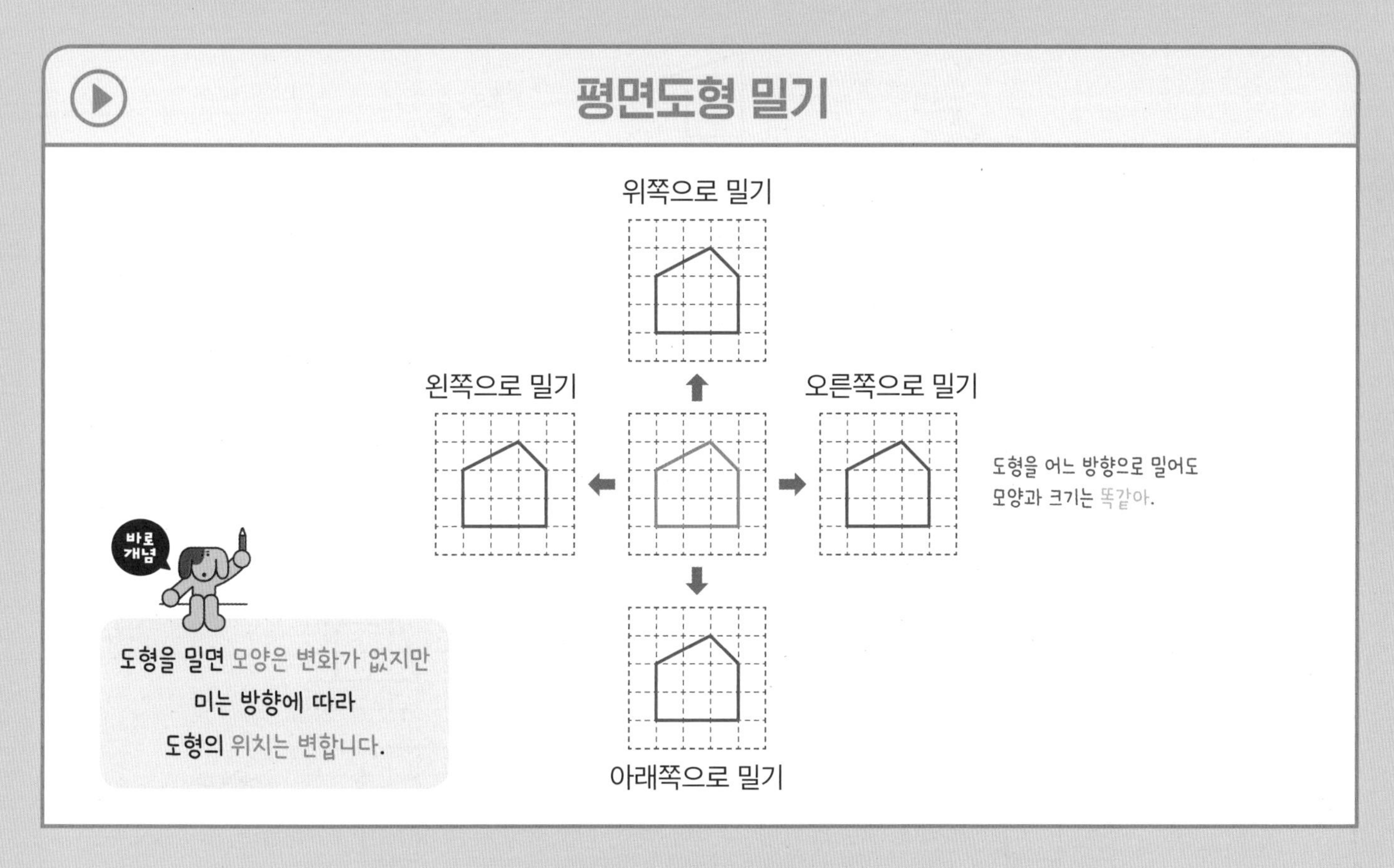

평면도형 뒤집기

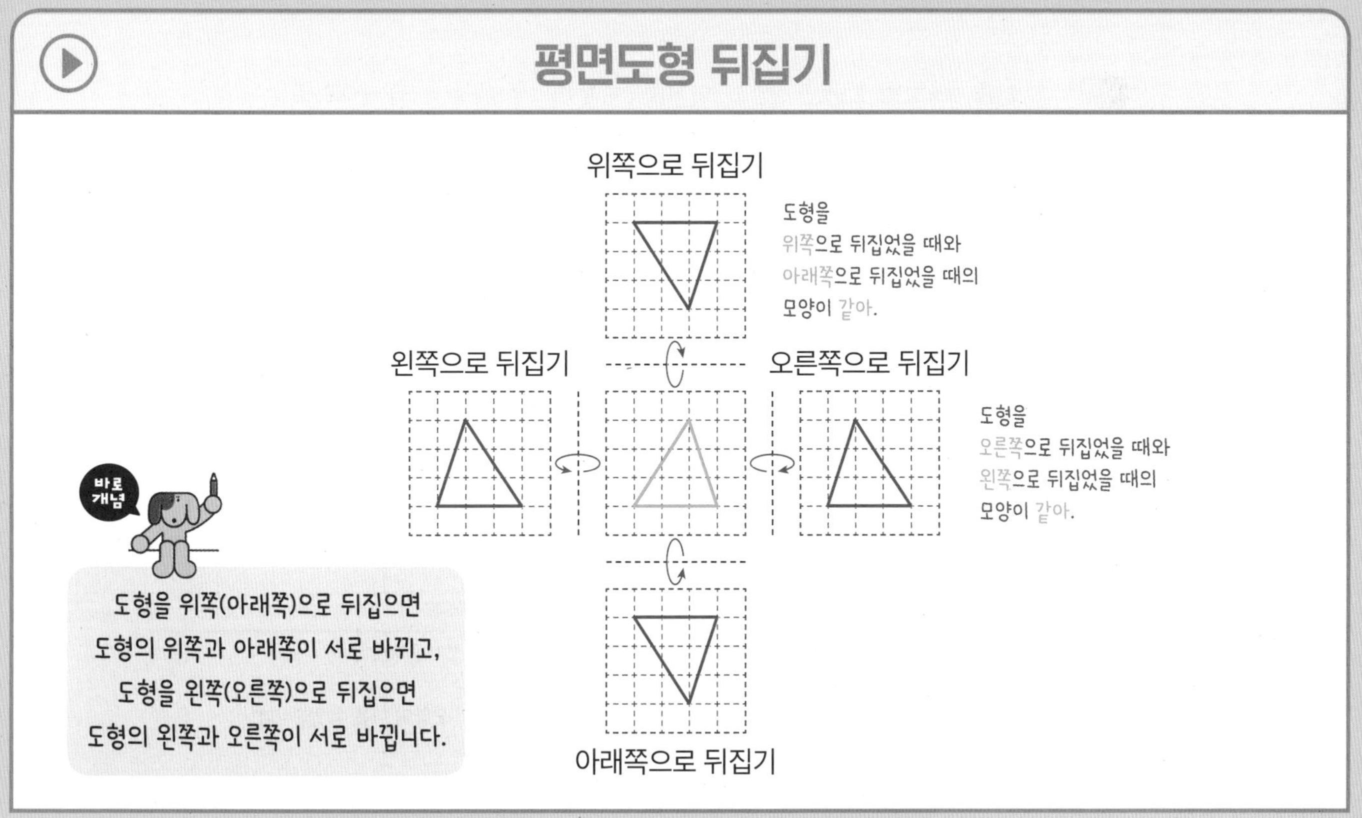

평면도형 돌리기

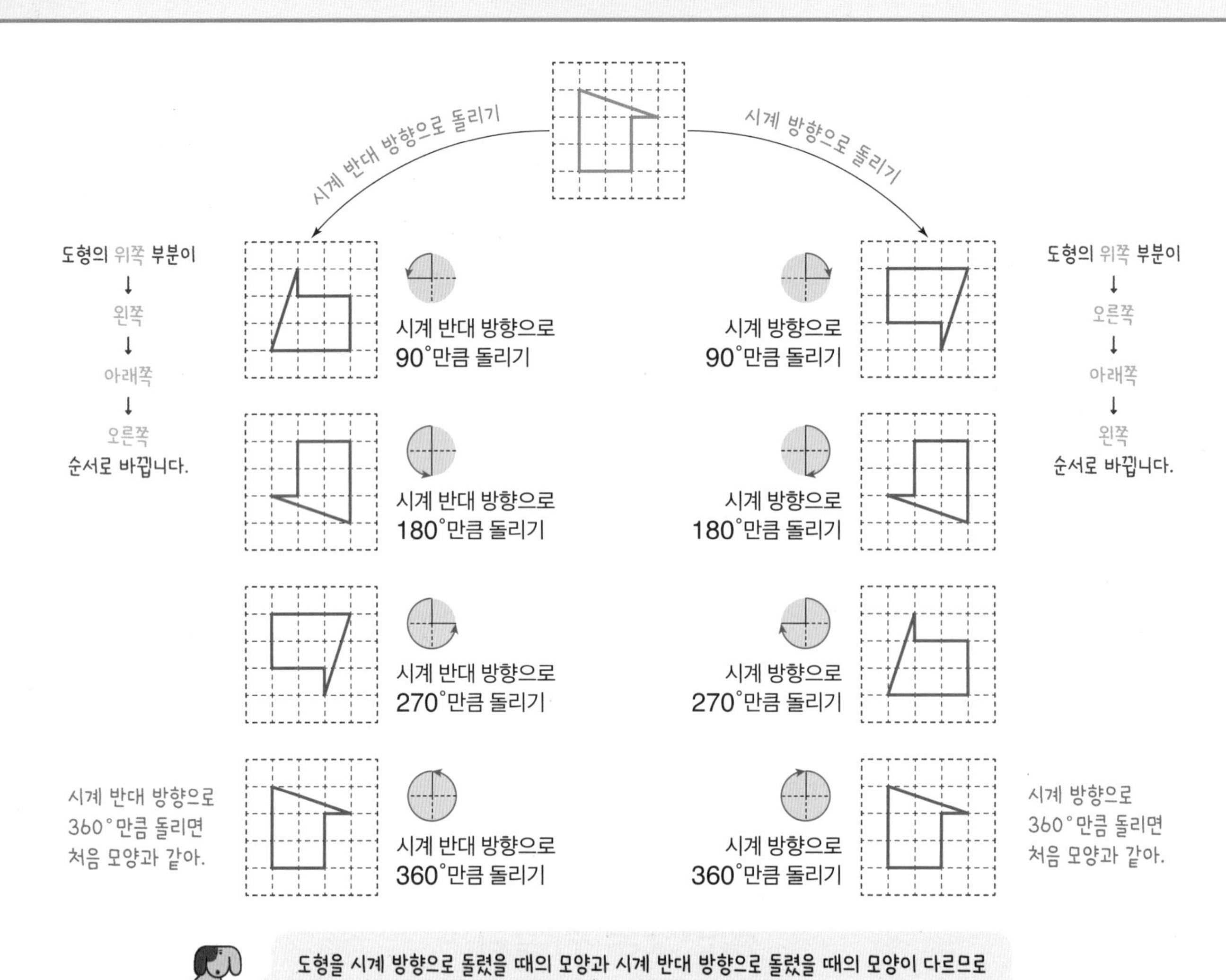

도형을 시계 방향으로 돌렸을 때의 모양과 시계 반대 방향으로 돌렸을 때의 모양이 다르므로 꼭 돌리는 방향과 각도를 모두 말해야 해!

평면도형 뒤집고 돌리기

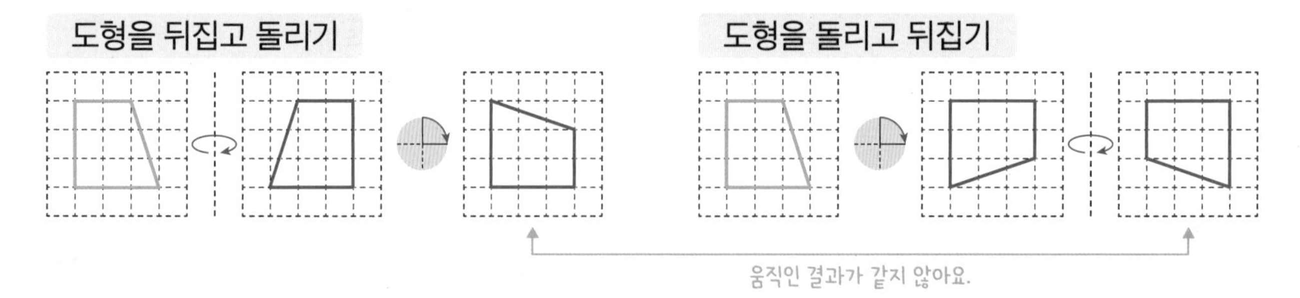

주의 도형을 움직인 모양이 같더라도 그 순서가 다르면 움직인 도형의 모양이 다를 수 있습니다. 도형을 움직이는 순서에 주의!

평면도형의 이동 ① 도형 뒤집기

연산 up

도형을 주어진 방향으로 뒤집었을 때의 도형을 그리세요.

1
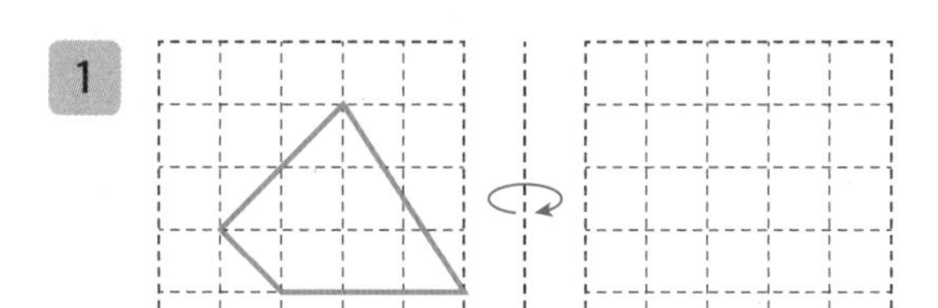

2
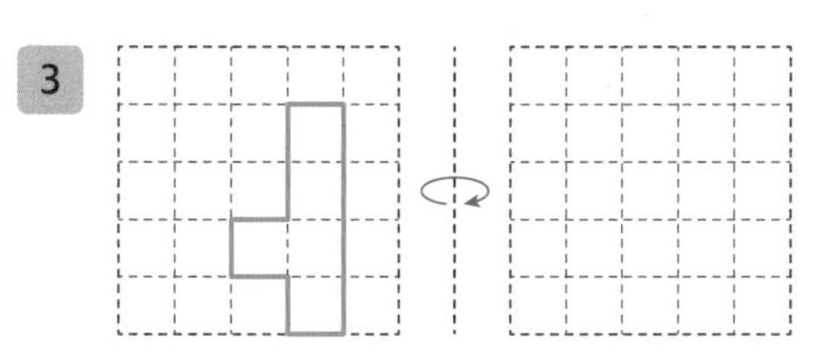

3
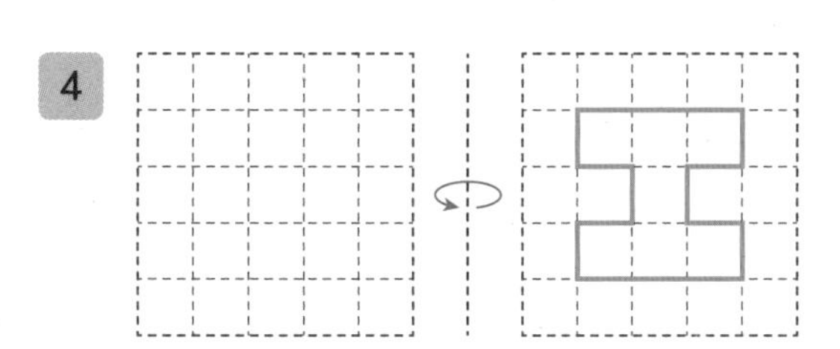

4

5
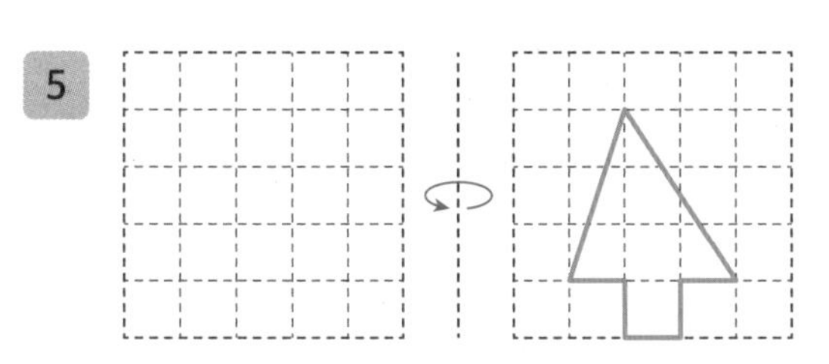

6
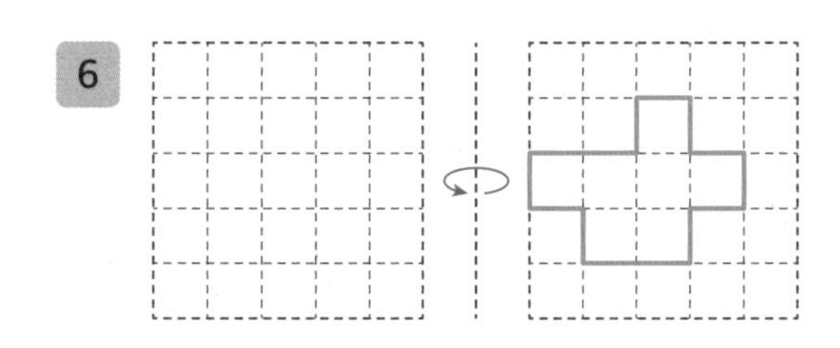

7
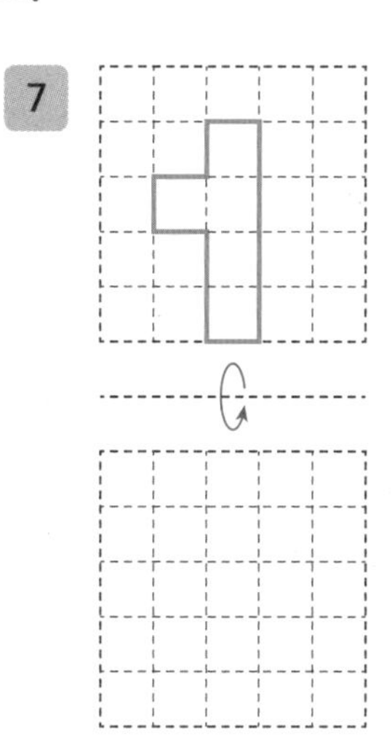

10

8
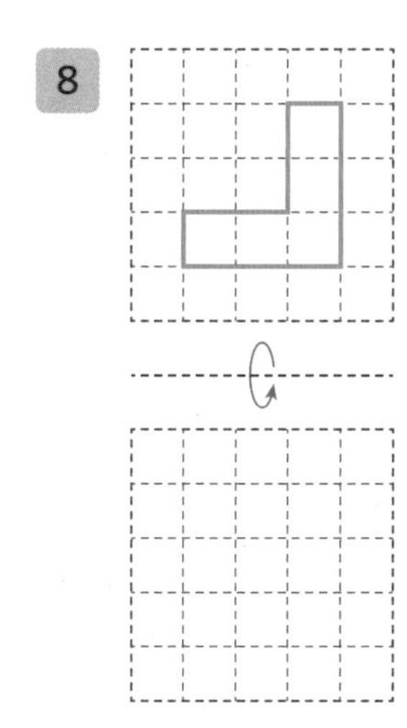

11
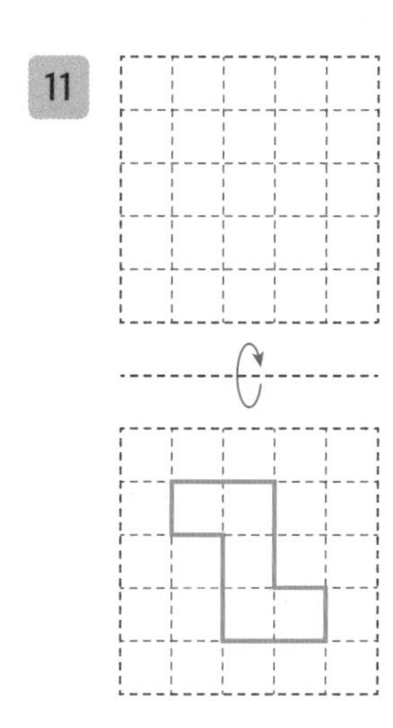

9
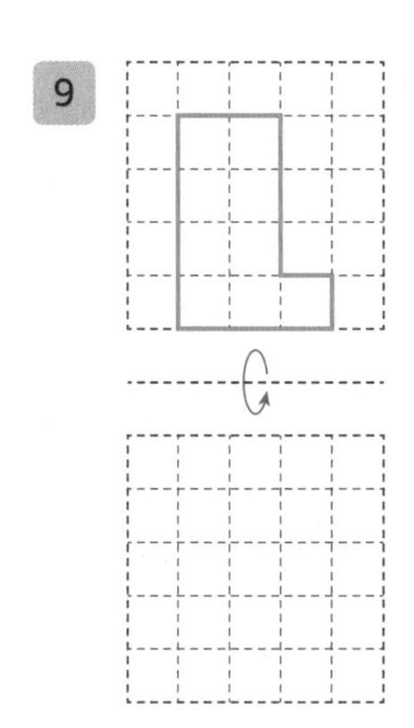

12
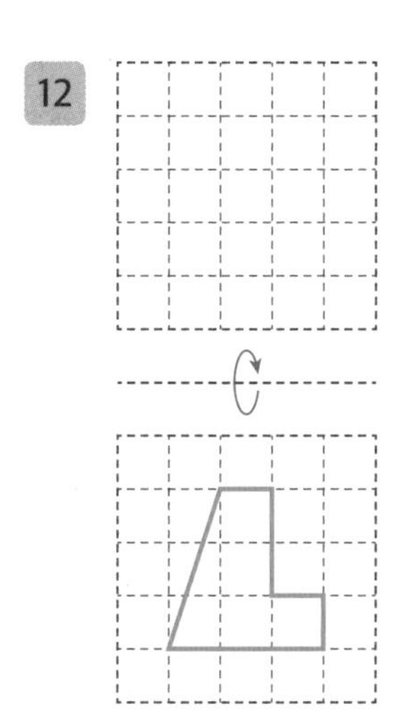

평면도형의 이동①

| 수 카드 뒤집기 |

1 다음 카드에 적힌 수와 이 카드를 오른쪽으로 뒤집었을 때 만들어지는 수의 합을 구하세요.

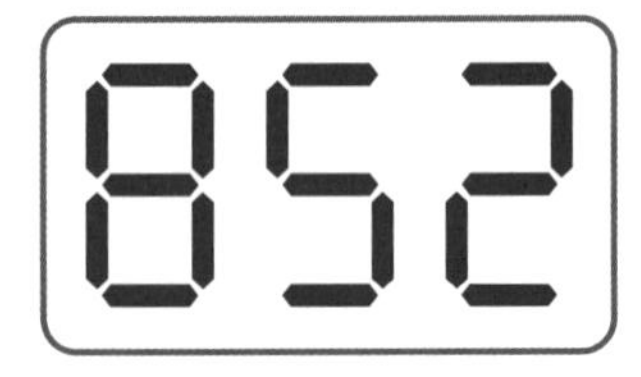

답 ____________

2 다음 카드에 적힌 수와 이 카드를 왼쪽으로 뒤집었을 때 만들어지는 수의 곱을 구하세요.

답 ____________

3 다음 카드에 적힌 수와 이 카드를 아래쪽으로 뒤집었을 때 만들어지는 수의 차를 구하세요.

답 ____________

4 다음 카드에 적힌 수와 이 카드를 위쪽으로 뒤집었을 때 만들어지는 수의 합을 구하세요.

답 ____________

평면도형의 이동 ② 도형 돌리기

연산 UP

도형을 주어진 방향으로 돌렸을 때의 도형을 그리세요.

1

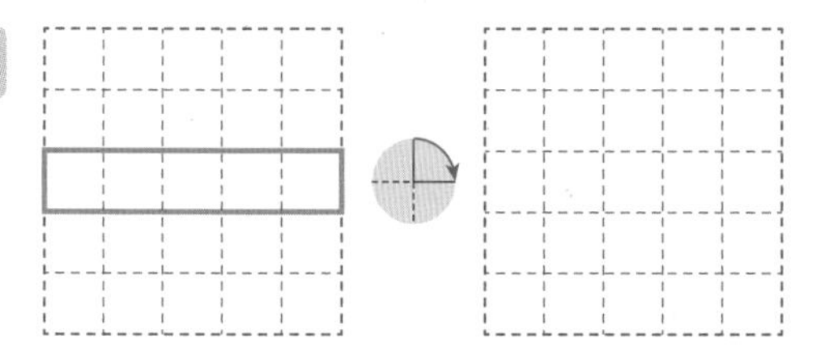

2

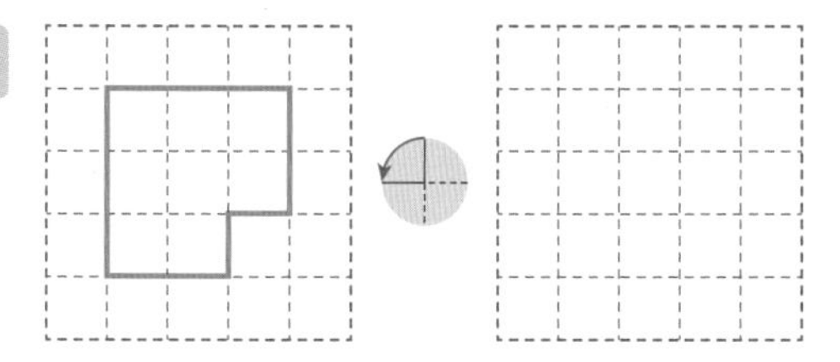

3

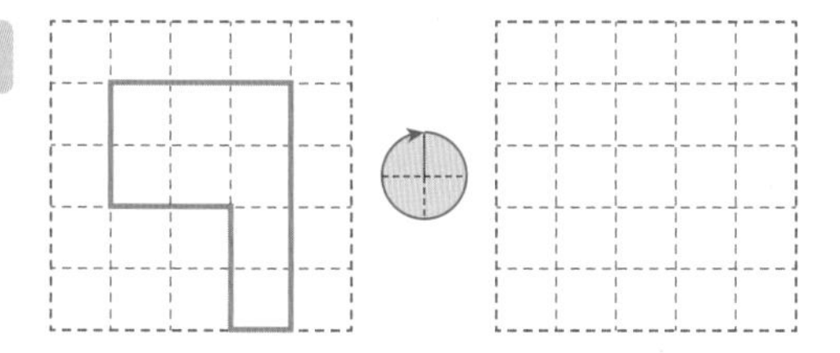

4

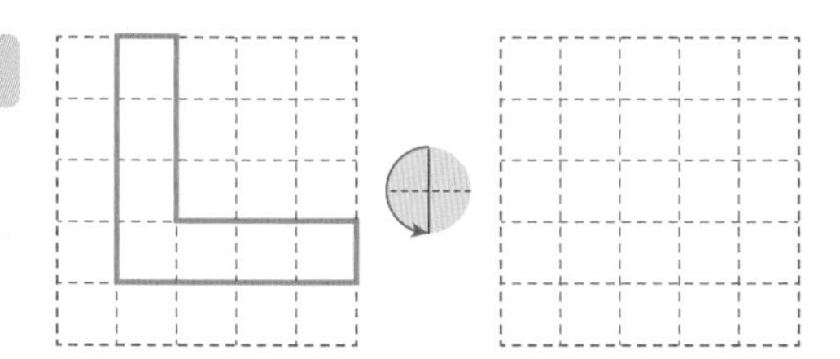

5

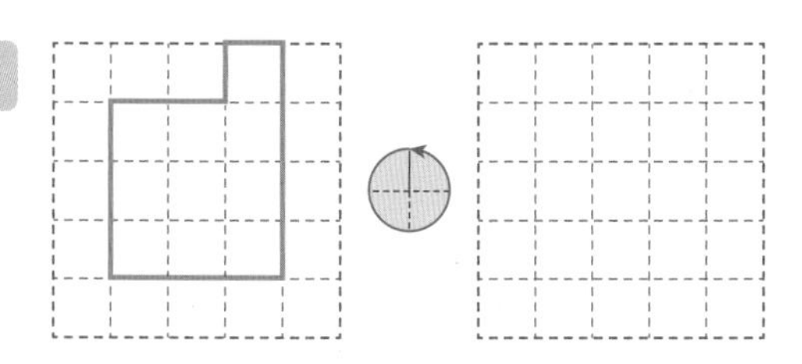

6

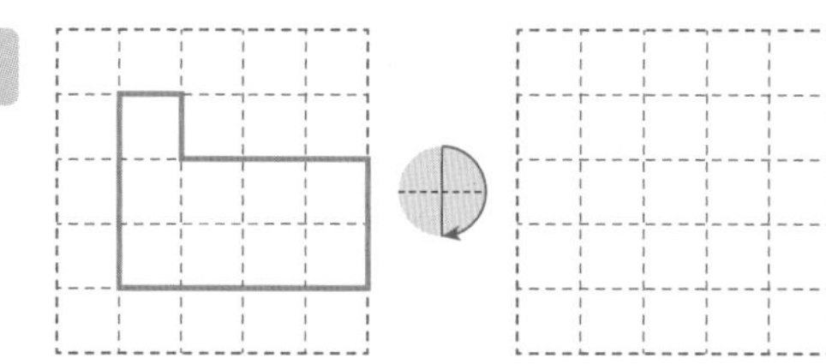

7

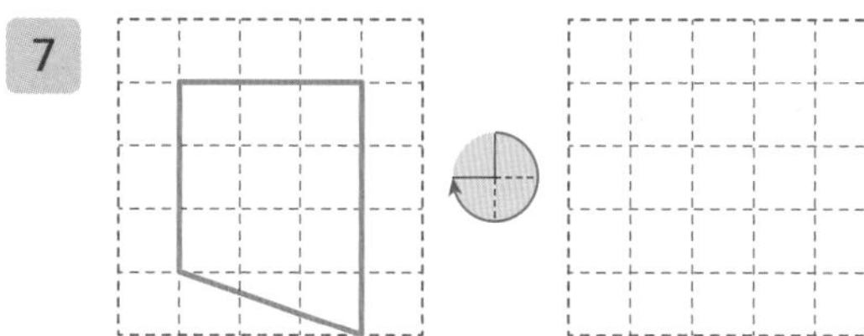

8

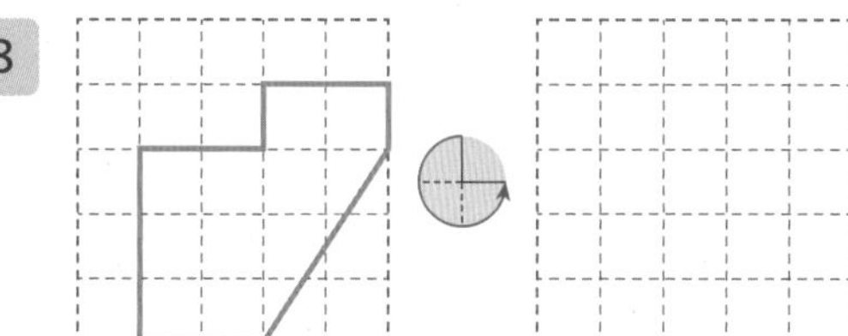

9

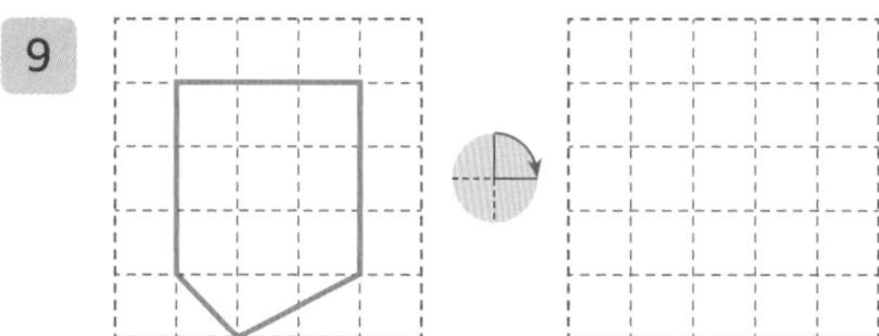

10

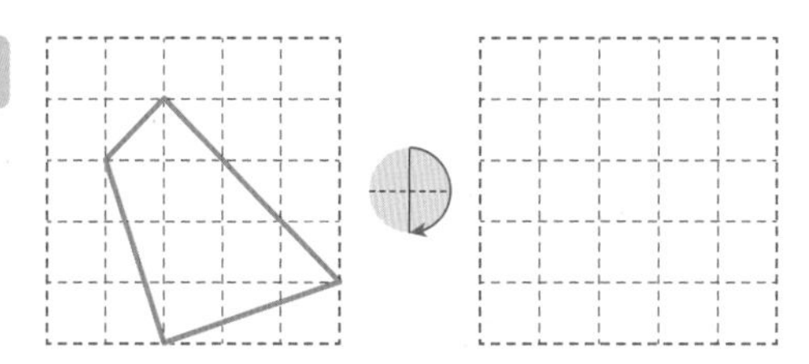

응용 up 평면도형의 이동②

문자 또는 숫자를 돌린 방법을 설명하고 있습니다. □ 안에 알맞은 수를 쓰세요.

1

돌리기 전: ㄱ
돌린 후: ㄴ

지우: 시계 방향으로 □°만큼 돌렸습니다.

새롬: 시계 방향으로 90°만큼 □번 돌렸습니다.

한아: 시계 반대 방향으로 □°만큼 돌렸습니다.

민정: 시계 반대 방향으로 90°만큼 □번 돌렸습니다.

2

돌리기 전: 6
돌린 후: 6

지우: 시계 방향으로 □°만큼 돌렸습니다.

새롬: 시계 방향으로 90°만큼 □번 돌렸습니다.

한아: 시계 반대 방향으로 □°만큼 돌렸습니다.

민정: 시계 반대 방향으로 90°만큼 □번 돌렸습니다.

3

돌리기 전: A
돌린 후: A

지우: 시계 방향으로 □°만큼 돌렸습니다.

새롬: 시계 방향으로 90°만큼 □번 돌렸습니다.

한아: 시계 반대 방향으로 □°만큼 돌렸습니다.

민정: 시계 반대 방향으로 90°만큼 □번 돌렸습니다.

평면도형의 이동③ 도형 뒤집고 돌리기

도형을 알맞게 그리세요.

1 오른쪽으로 뒤집고 시계 방향으로 90°만큼 돌리기

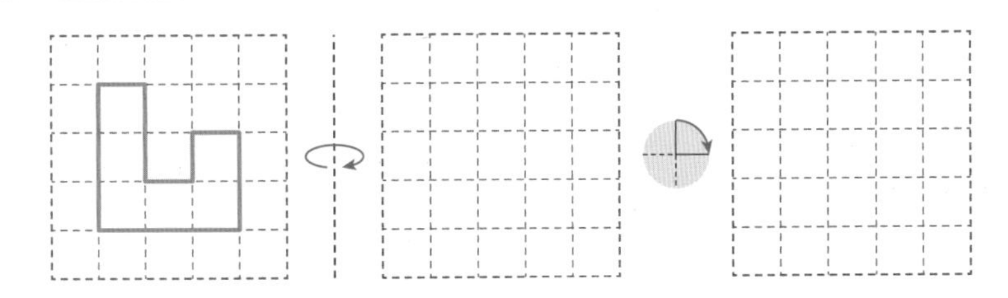

주의

도형을 움직이는 순서가 다르면 움직인 도형의 모양이 다를 수 있어.

2 시계 방향으로 90°만큼 돌리고 오른쪽으로 뒤집기

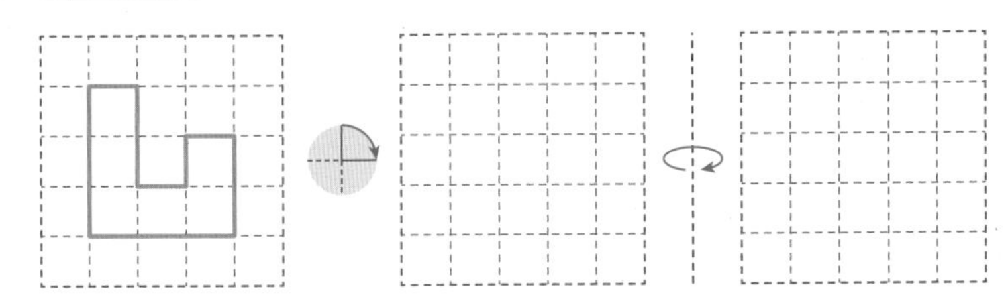

3 시계 반대 방향으로 270°만큼 돌리고 오른쪽으로 뒤집기

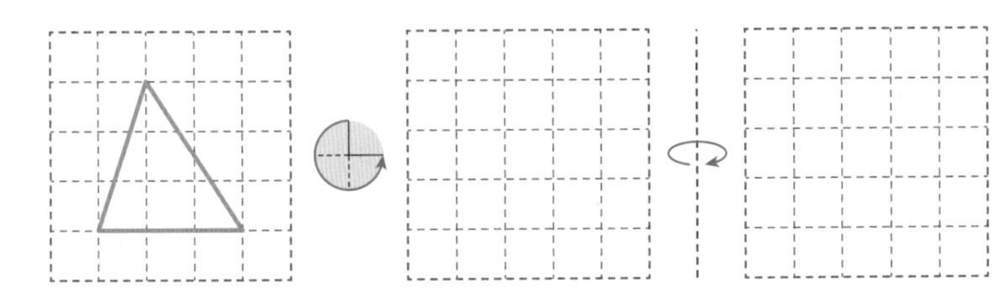

4 아래쪽으로 뒤집고 시계 방향으로 270°만큼 돌리기

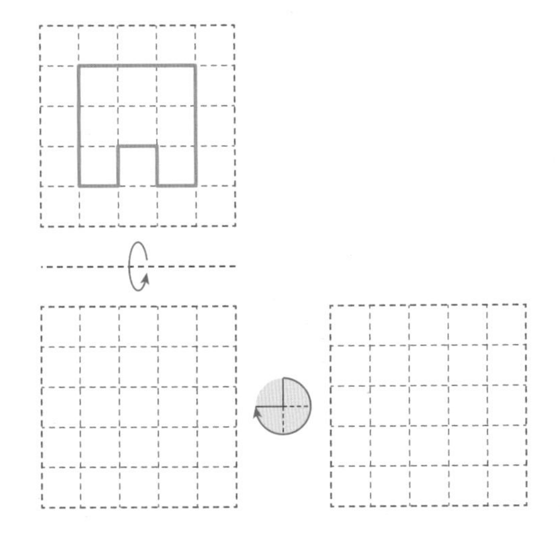

5 위쪽으로 뒤집고 시계 반대 방향으로 180°만큼 돌리기

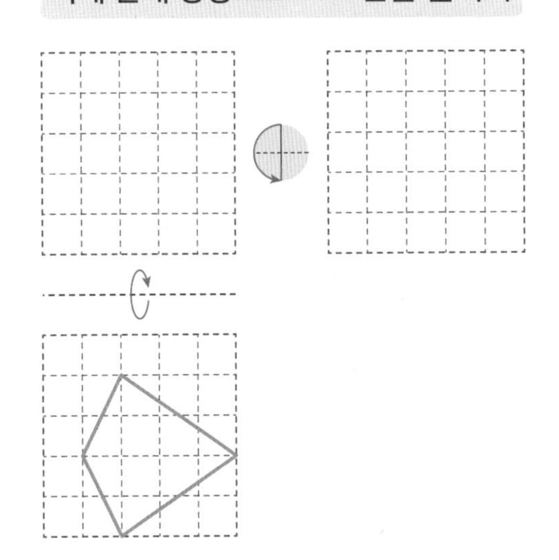

응용 up 평면도형의 이동③

| 펜토미노 조각으로 정사각형 만들기 |

활동지 131쪽

주어진 펜토미노 조각 중 5개로 밀기, 뒤집기, 돌리기를 이용하여 정사각형을 완성하세요.

펜토미노란 크기가 같은 정사각형 5개가 변끼리 붙어 이루어진 도형을 말해! 펜토미노는 모두 12개야.

1

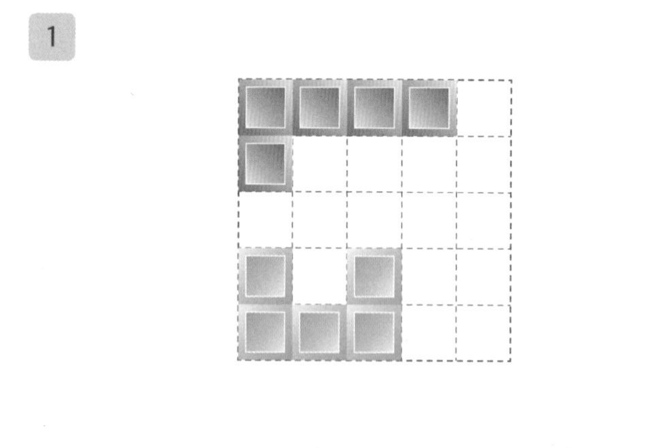

3

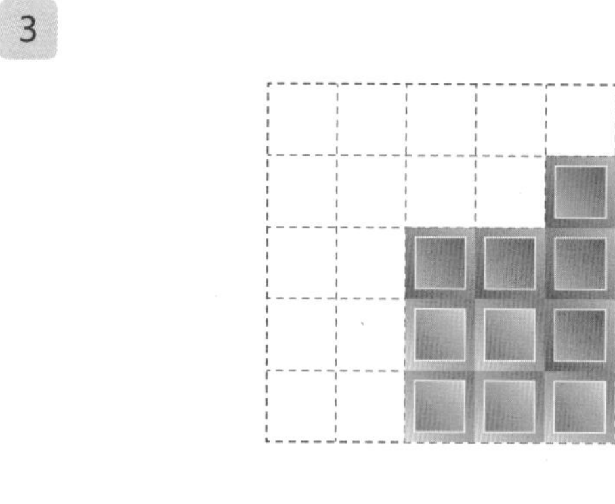

2

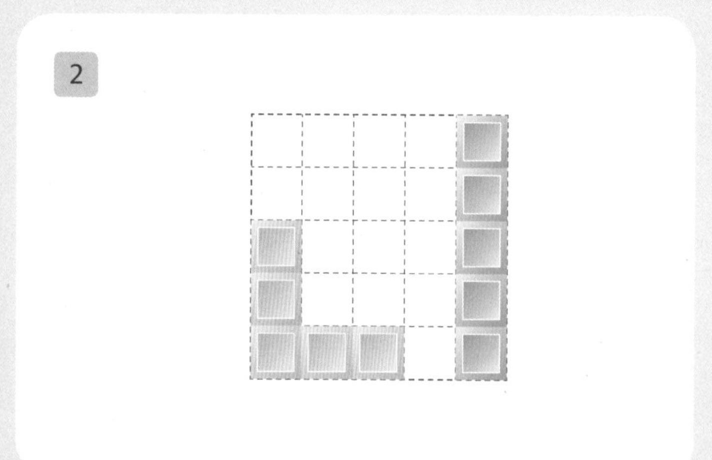

4

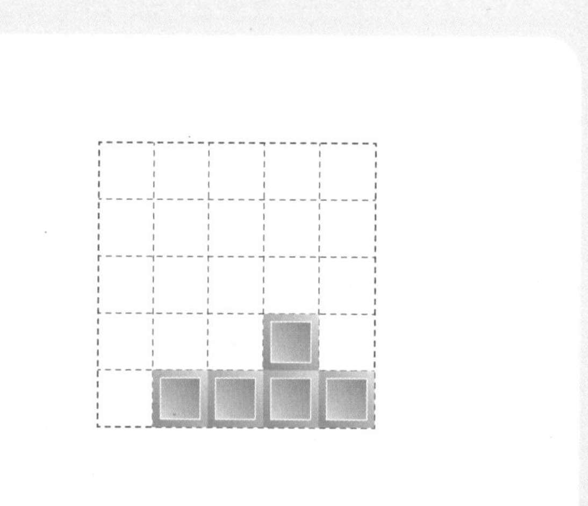

DAY 46 마무리 확인

연산 평가 up

1 도형을 주어진 방향으로 밀었을 때의 도형을 그리세요.

(1)

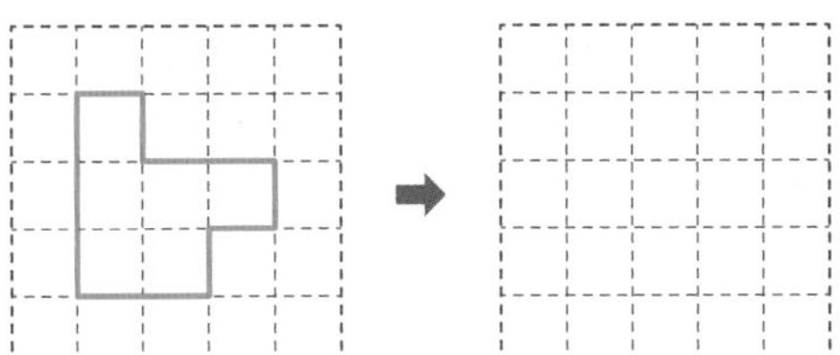

(2)

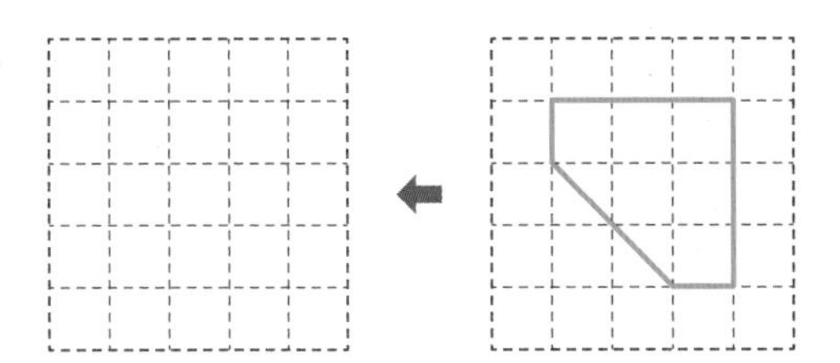

2 도형을 주어진 방향으로 뒤집었을 때의 도형을 그리세요.

(1)

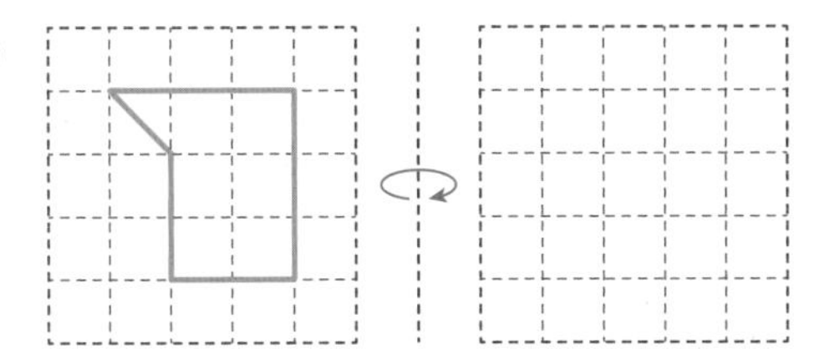

(2)

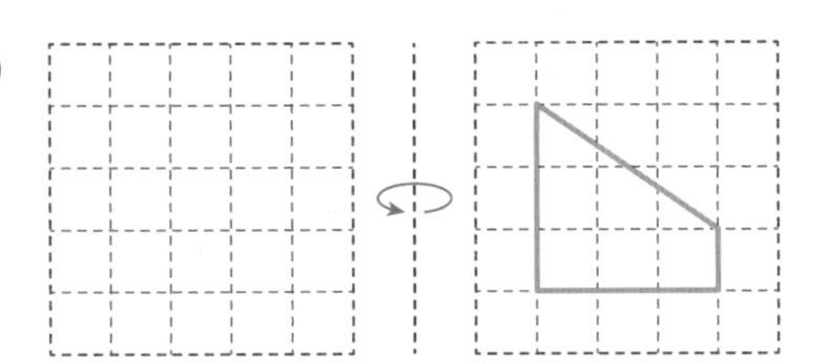

(3)

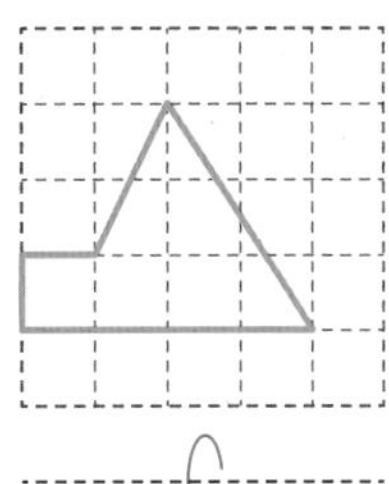

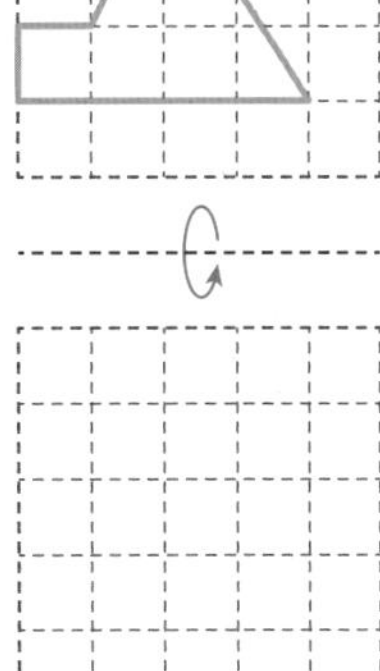

(4)

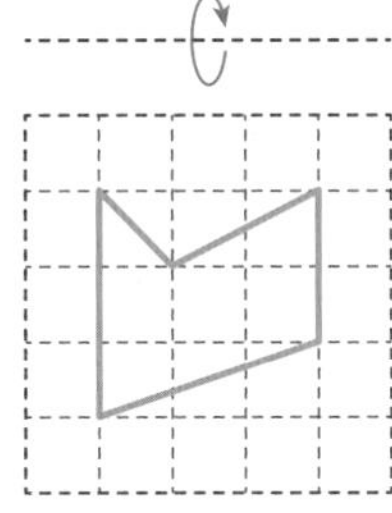

3 도형을 주어진 방향으로 돌렸을 때의 도형을 그리세요.

(1)

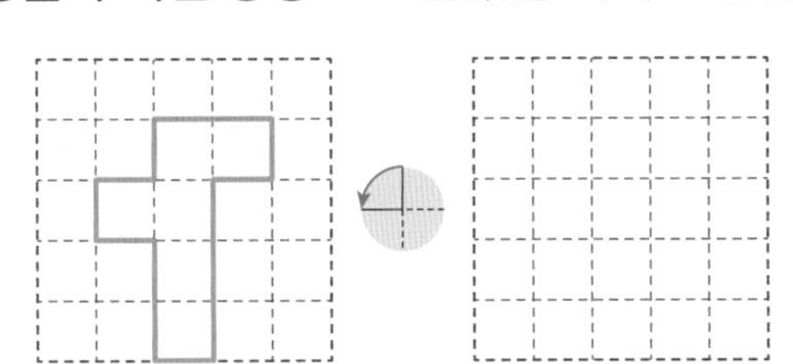

(2)

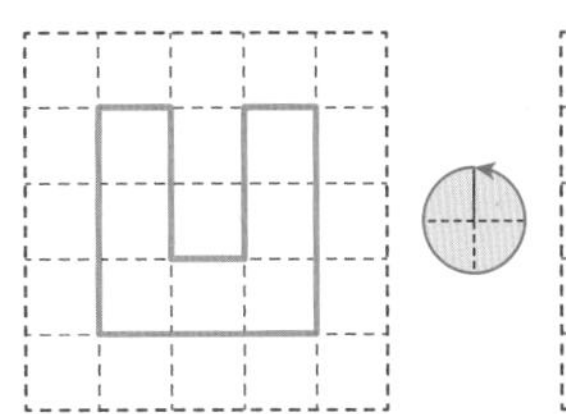

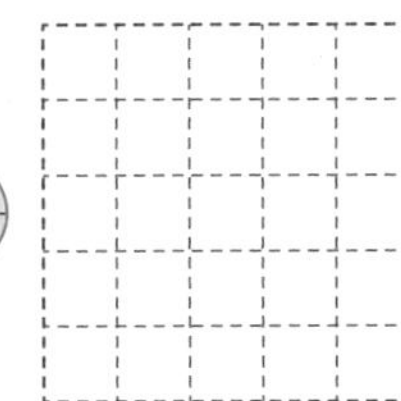

(3)

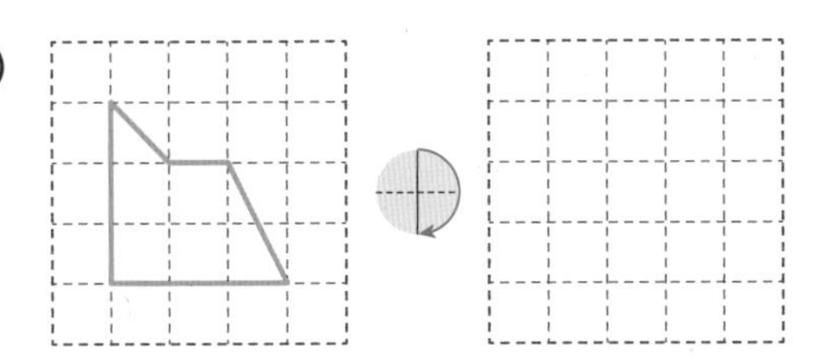

(4)

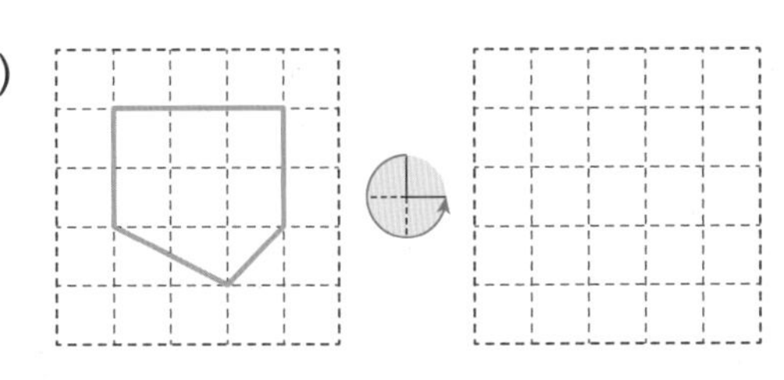

4 주어진 방법으로 움직인 도형을 그리세요.

(1) 아래쪽으로 뒤집고
시계 방향으로 90°만큼 돌리기

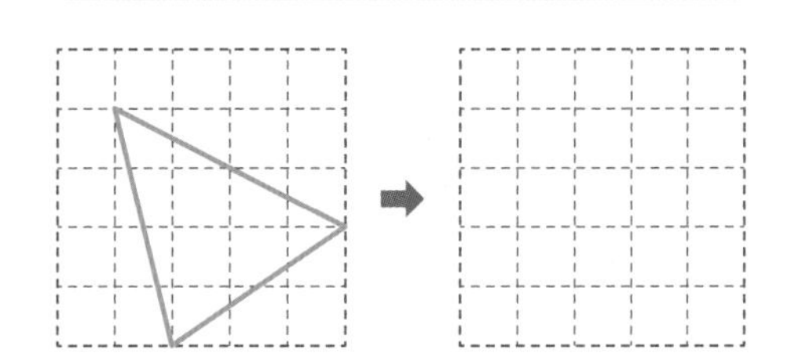

(2) 오른쪽으로 뒤집고
시계 반대 방향으로 180°만큼 돌리기

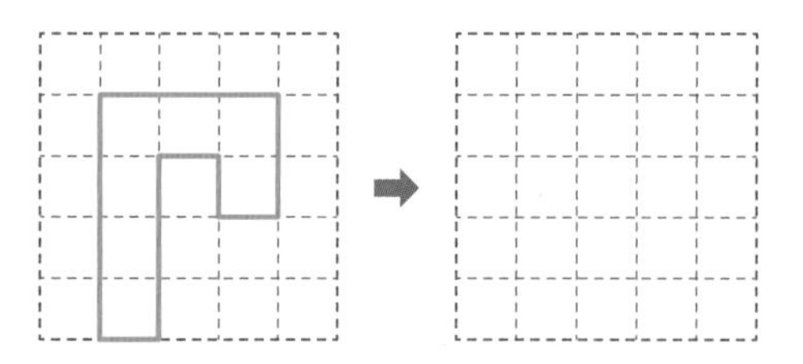

(3) 위쪽으로 뒤집고
시계 방향으로 270°만큼 돌리기

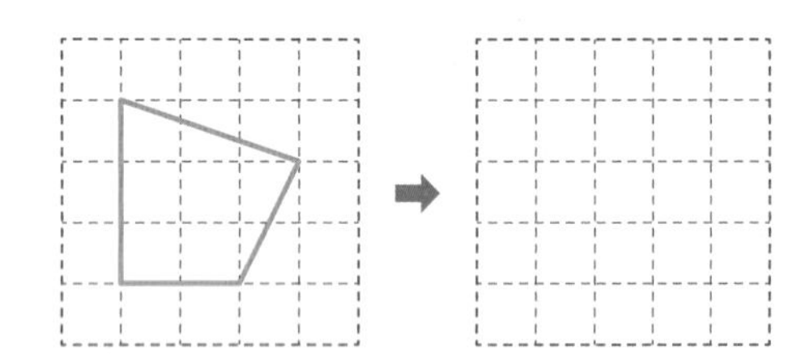

(4) 왼쪽으로 뒤집고
시계 반대 방향으로 360°만큼 돌리기

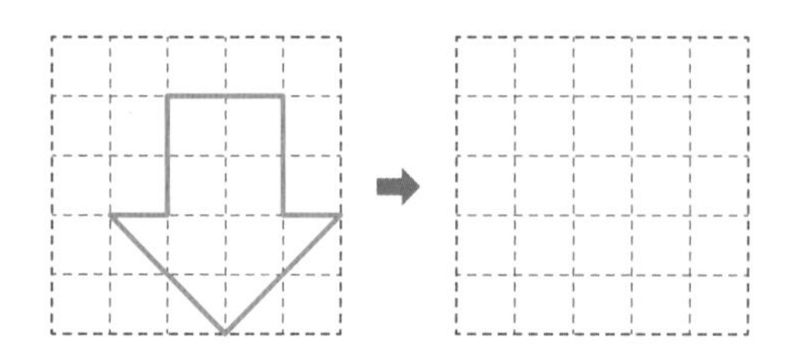

5 오른쪽 카드에 적힌 수와 이 카드를 왼쪽으로 뒤집었을 때 만들어지는 수의 곱을 구하세요.

25

( )

6 문자를 돌린 방법을 설명하고 있습니다. □ 안에 알맞은 수를 쓰세요.

돌리기 전

돌린 후

지우: 시계 방향으로 □°만큼 돌렸습니다.

새롬: 시계 방향으로 90°만큼 □번 돌렸습니다.

한아: 시계 반대 방향으로 □°만큼 돌렸습니다.

민정: 시계 반대 방향으로 90°만큼 □번 돌렸습니다.

06 규칙 찾기

· 학습계열표 ·

이전에 배운 내용

2-2 규칙 찾기
- 자신이 정한 규칙에 따라 규칙 만들기

▼

지금 배울 내용

4-1 규칙 찾기
- 수, 도형의 배열에서 규칙 찾기
- 계산식에서 규칙 찾기

▼

앞으로 배울 내용

4-2 규칙 찾기
- 규칙 추측하기
- 대응 관계를 나타낸 표에서 규칙 찾기

• 학습기록표 •

학습 일차	학습 내용	날짜	맞은 개수	
			연산	응용
DAY 47	**규칙 찾기①** 수 배열에서 규칙 찾기	/	/4	/3
DAY 48	**규칙 찾기②** 도형 배열에서 규칙 찾기	/	/4	/3
DAY 49	**규칙 찾기③** 계산식에서 규칙 찾기	/	/6	/4
DAY 50	**마무리 확인**	/		/9

책상에 붙여 놓고
매일매일 기록해요.

6. 규칙 찾기

수 배열표에서 규칙 찾기

1111	1221	1331	1441	1551
2111	2221	2331	2441	2551
3111	3221	3331	3441	3551
4111	4221	4331	4441	4551
5111	5221	5331	5441	5551

수 배열에서 규칙을 찾고 하나의 수를 기준으로 수가 어느 방향으로 얼마만큼 커지는지 작아지는지 규칙을 찾습니다.

❶ 가로에서 규칙을 찾아보세요.

규칙 1111에서 시작하여 오른쪽으로 110씩 커집니다.

❷ 세로에서 규칙을 찾아보세요.

규칙 1111에서 시작하여 아래쪽으로 1000씩 커집니다.

❸ ▭ 으로 색칠된 칸에서 규칙을 찾아보세요.

규칙 1111에서 시작하여 ↘방향으로 1110씩 커집니다.

수 배열에서 규칙 찾기

1005	2005	3005	4005		
		◆	4105	5105	6105
	2205	3205		5205	●

규칙 가로줄은 오른쪽으로 1000씩 커지는 규칙입니다.
세로줄은 아래쪽으로 100씩 커지는 규칙입니다.

◆: 3005보다 100 큰 수인 3105　　●: 5205보다 1000 큰 수인 6205

기준점과 방향에 따라 다양한 규칙을 찾을 수 있습니다.

도형 배열에서 규칙 찾기

첫째

둘째

셋째

넷째

다섯째

처음 도형을 기준으로 도형이 어느 방향으로 어떻게 변했는지 규칙을 찾습니다.

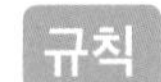
규칙 모형이 1개에서 시작하여 오른쪽과 위쪽으로 각각 1개씩 늘어납니다.

계산식에서 규칙 찾기

$217+12=229$
$227+22=249$
$237+32=269$

규칙 십의 자리 수가 각각 1씩 커지는 두 수의 합은 20씩 커집니다.

$369-137=232$
$469-237=232$
$569-337=232$

규칙 같은 자리 수가 똑같이 커지는 두 수의 차는 항상 일정합니다.

$11\times11=121$
$111\times11=1221$
$1111\times11=12221$

규칙 곱해지는 수는 1이 1개씩 늘어나고 곱하는 수는 11로 일정하면 곱의 2가 1개씩 늘어납니다.

$13\div13=1$
$26\div13=2$
$39\div13=3$

규칙 일의 자리 숫자가 십의 자리 숫자의 3배인 두 자리 수를 13으로 나누면 몫은 십의 자리 숫자와 같습니다.

규칙 찾기① 수 배열에서 규칙 찾기

연산 up

수 배열표를 보고 규칙에 따라 빈칸에 알맞은 수를 쓰세요.

1

100	110	120		140
200	210	220	230	
300		320	330	340
400	410	420		440
500	510		530	540

2

911	912	913	914	915
711		713	714	715
511	512		514	515
	312	313	314	
111	112	113		115

3

5000	5100	5200	5300	
4000	4100	4200		4400
3000		3200	3300	3400
2000	2100	2200	2300	2400
	1100		1300	1400

4

30101	30111	30121		30141
30201	30211	30221	30231	30241
30301	30311		30331	30341
		30421	30431	30441
30501	30511	30521	30531	

DAY 47

응용 UP 규칙 찾기①

규칙을 보고 빈칸에 알맞은 수를 쓰세요.

1 규칙 두 수의 덧셈의 결과에서 일의 자리 수를 씁니다.

	1111	2222	3333	4444	5555
111	2	3		5	6
222	3		5		7
333	4	5	6	7	8
444	5	6			9
555		7	8	9	

2 규칙 두 수의 곱셈의 결과에서 일의 자리 수를 씁니다.

	11	12	13	14	15
11	1	2	3		5
22	2	4		8	0
33	3		9	2	
44		8	2	6	0
55	5	0	5		5

3 규칙 두 수의 뺄셈의 결과에서 일의 자리 수를 씁니다.

	9999	8888	7777	6666	5555
909	0	9			6
808		0	9	8	7
707	2	1		9	8
606	3	2	1	0	
505	4			1	0

규칙 찾기② 도형 배열에서 규칙 찾기

규칙에 따라 다섯째에 알맞은 모양을 그려 보세요.

1 첫째 둘째 셋째 넷째 다섯째

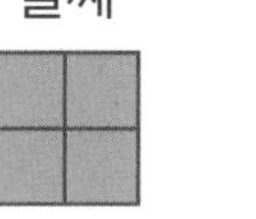
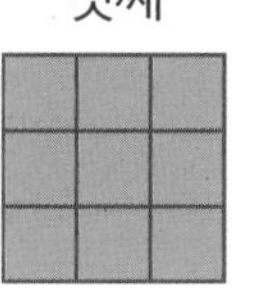
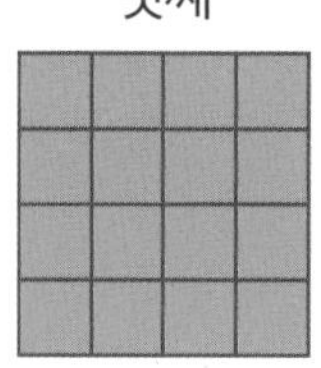

2 첫째 둘째 셋째 넷째 다섯째

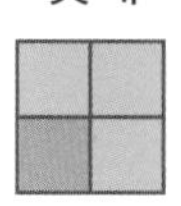
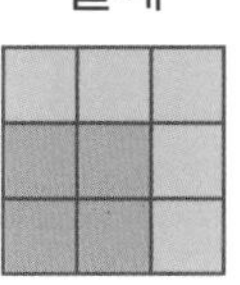
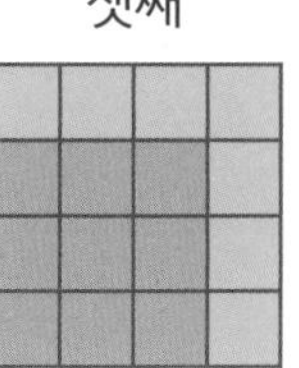
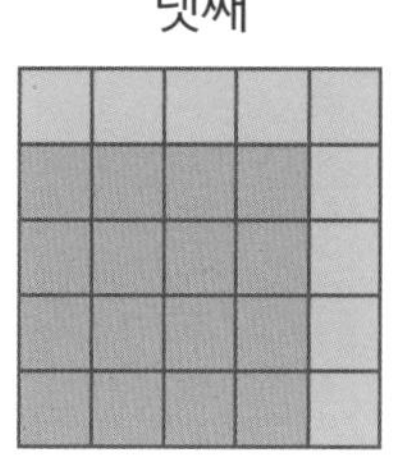

3 첫째 둘째 셋째 넷째 다섯째

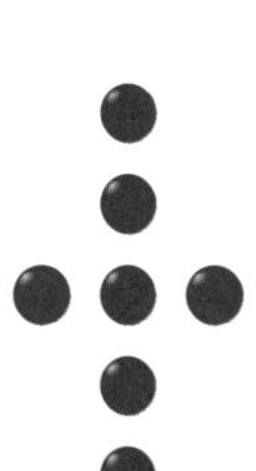

4 첫째 둘째 셋째 넷째 다섯째

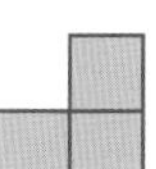

응용 up 규칙 찾기②

| 쌓기나무 개수 구하기 |

규칙에 따라 쌓기나무를 쌓았습니다. 쌓기나무로 만든 모양을 보고 열째에 필요한 쌓기나무 수를 구하세요.

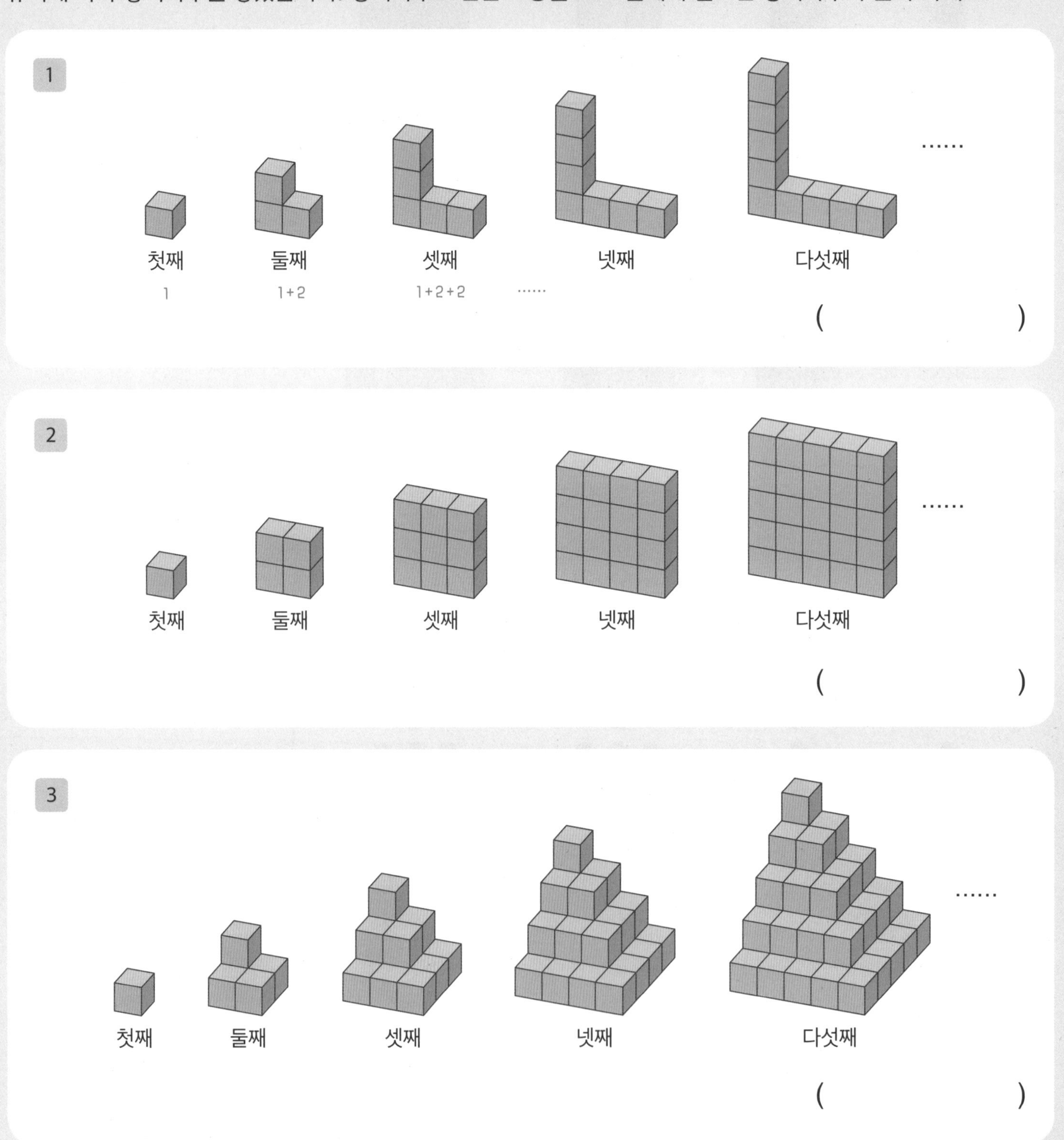

규칙 찾기③ 계산식에서 규칙 찾기

계산식의 규칙에 따라 빈 곳에 알맞은 식을 쓰세요.

1

$150+250=400$
$250+350=600$
$350+450=800$
$450+550=1000$
$550+650=1200$

4

$12+21=33$
$123+321=444$
$1234+4321=5555$
$12345+54321=66666$

2

$537-133=404$
$637-233=404$
$737-333=404$
$837-433=404$

5

$350-50=300$
$550-150=400$
$750-250=500$
$950-350=600$

3

$22\times22=484$
$22\times222=4884$
$22\times2222=48884$
$22\times22222=488884$

6

$3337\times3=10011$
$3337\times6=20022$
$3337\times9=30033$
$3337\times12=40044$

응용 UP 규칙 찾기③

1 승강기 버튼의 수 배열에서 보기와 같이 수를 골라 규칙적인 계산식을 만드세요.

보기 ⑦ ⑧ ⑨ → 7+9=8×2

계산식

3 달력에서 보기와 같이 수를 골라 규칙적인 계산식을 만드세요.

1월

일	월	화	수	목	금	토
			1	2	3	4
5	6	7	8	9	10	11
12	13	14	15	16	17	18
19	20	21	22	23	24	25
26	27	28	29	30	31	

보기 9 16 23 → 9+23=16×2

계산식

2 승강기 버튼의 수 배열에서 보기와 같이 수를 골라 규칙적인 계산식을 만드세요.

9 10 11 12
5 6 7 8
1 2 3 4

보기 ⑩ ⑪ / ⑥ ⑦ → 6+11=7+10

계산식

4 달력에서 보기와 같이 수를 골라 규칙적인 계산식을 만드세요.

4월

일	월	화	수	목	금	토
	1	2	3	4	5	6
7	8	9	10	11	12	13
14	15	16	17	18	19	20
21	22	23	24	25	26	27
28	29	30				

보기

5
11 12 13
19
→ 5+11+13+19=12×4

계산식

DAY 50 마무리 확인

연산 평가 up

1 수 배열표를 보고 규칙에 따라 빈칸에 알맞은 수를 쓰세요.

(1)

1005	2005	3005		5005
1105	2105		4105	5105
	2205	3205	4205	5205
1305	2305	3305	4305	
1405		3405	4405	5405

(2)

9999	9998	9997		9995
	9898		9896	9895
9799	9798		9796	9795
9699	9698	9697		9695
9599		9597	9596	

2 수 배열표를 보고 물음에 답하세요.

5005	5015	5025	5035
5105	5115	5125	5135
5205	5215	5225	5235
5305	5315	5325	5335

(1) 가로에서 규칙을 찾아보세요.

규칙 5005에서 시작하여 오른쪽으로 ______ 씩 커집니다.

(2) 세로에서 규칙을 찾아보세요.

규칙 5025에서 시작하여 아래쪽으로 ______ 씩 커집니다.

(3) ▒ 으로 색칠된 칸에서 규칙을 찾아보세요.

규칙 5005에서 시작하여 ↘ 방향으로 ______ 씩 커집니다.

3 바둑돌의 배열을 보고 여섯째에 알맞은 모양을 그리세요.

첫째 둘째 셋째 넷째 …… 여섯째

4 계산식의 규칙에 따라 빈 곳에 알맞은 식을 쓰세요.

(1)

9×9=81
99×9=891
999×9=8991
9999×9=89991

____

(2)

304+305+306=305×3
404+405+406=405×3
504+505+506=505×3
604+605+606=605×3

____

5 곱셈식에서 규칙을 찾아 1111111×1111111의 값을 구하세요.

1×1=1
11×11=121
111×111=12321
1111×1111=1234321
⋮

(   )

DAY 38

98쪽

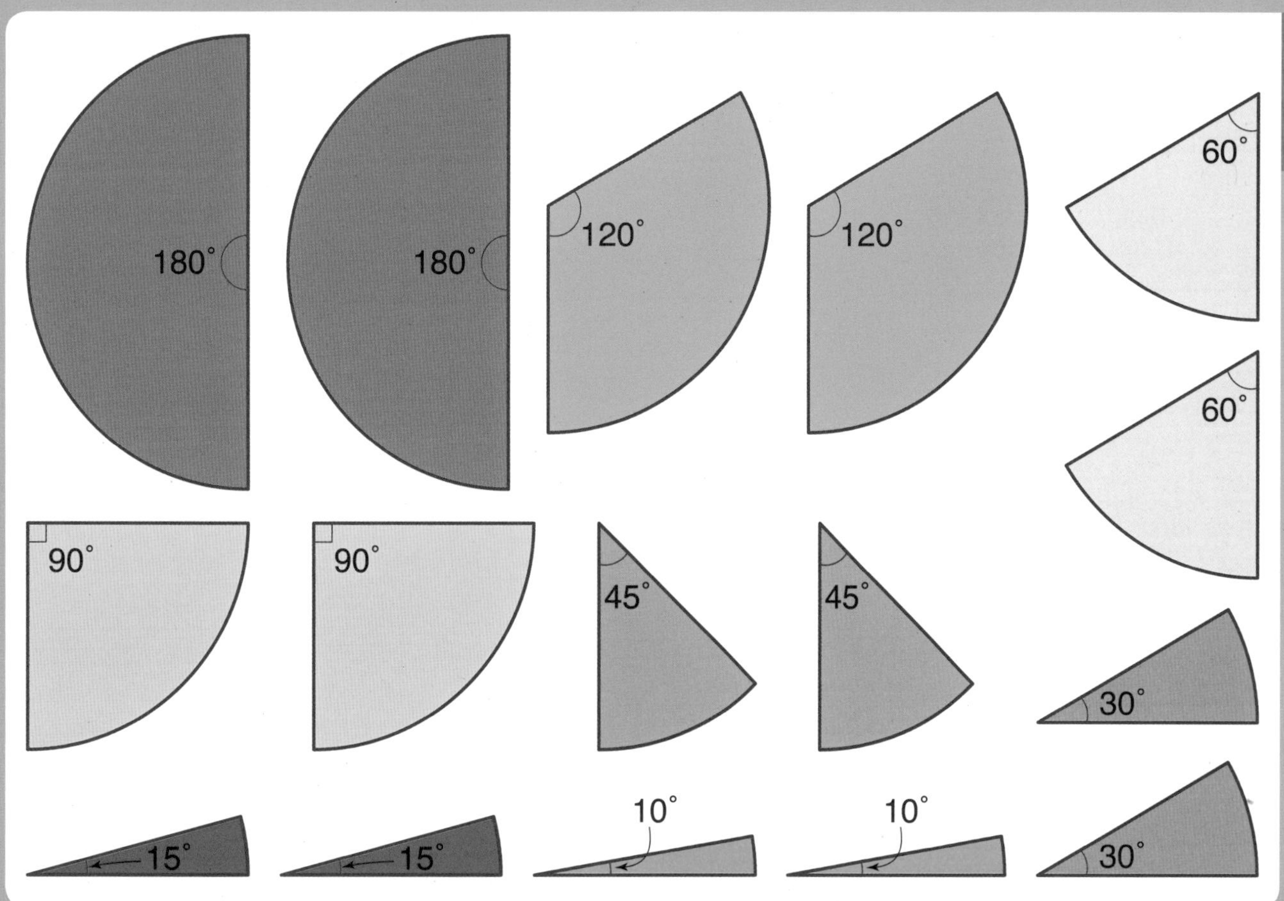

DAY 45

116쪽

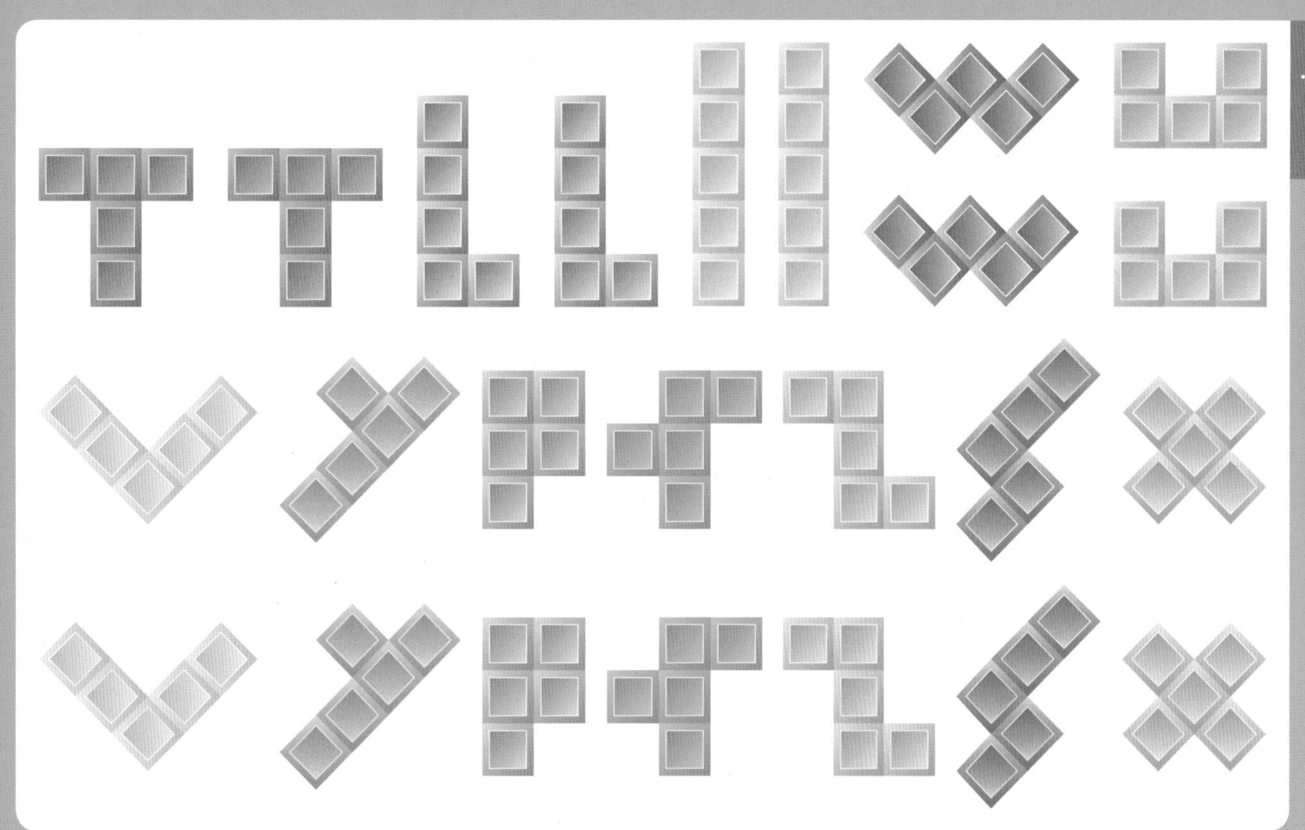

다음 단계로
넘어갈까요?
화이팅!

앗!

본책의 정답과 풀이를 분실하셨나요?
길벗스쿨 홈페이지에 들어오시면 내려받으실 수 있습니다.
https://school.gilbut.co.kr/

기적의 계산법 응용 up

정답과 풀이

7권

7권

01 큰 수

DAY 1

11쪽
12쪽

연산 UP

1 10
2 1000
3 100
4 10
5 1
6 7
7 5
8 9

응용 UP

1 10
2 5
3 20
4 40

응용 UP
1 10000은 1000이 10개인 수입니다.
2 50000은 10000이 5개인 수입니다.
3 20000은 1000이 20개인 수입니다.
4 40000은 1000이 40개인 수입니다.

DAY 2

13쪽
14쪽

연산 UP

1 23762
2 71168
3 80459
4 3, 7, 1, 6, 5
5 5, 1, 7, 2, 3
6 8, 8, 1, 0, 4

응용 UP

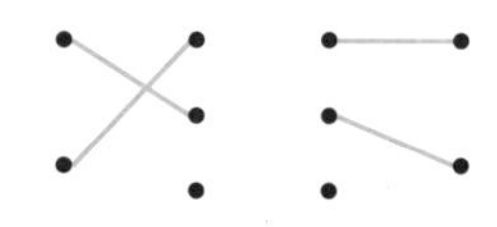

DAY 3

15쪽
16쪽

연산 UP

1 3만 3574
삼만 삼천오백칠십사
2 8만 4951
팔만 사천구백오십일
3 2만 7474
이만 칠천사백칠십사
4 5만 8277
오만 팔천이백칠십칠
5 2만 9301
이만 구천삼백일
6 6만 4923
64923
7 9만 8173
98173
8 3만 9361
39361
9 1만 7322
17322
10 8만 4259
84259

응용 UP

1 이만 삼천삼백
2 오만 이천사백사십이
3 사만 사천사백팔십오
4 칠만 구백이십

DAY 4

17쪽
18쪽

연산 UP

(위에서부터)

1. 1, 3, 7, 8, 2 / 10000, 3000, 700, 80, 2 / 10000, 3000, 700, 80, 2
2. 1, 7, 2, 4, 7 / 10000, 7000, 200, 40, 7 / 10000, 7000, 200, 40, 7
3. 4, 2, 3, 5, 4 / 40000, 2000, 300, 50, 4 / 40000, 2000, 300, 50, 4
4. 8, 8, 0, 4, 5 / 80000, 8000, 0, 40, 5 / 80000, 8000, 0, 40, 5

응용 UP

1. 42379 2. 64380 3. 15028

응용 UP

1. 만의 자리에 4를 먼저 쓰고, 작은 수부터 차례대로 씁니다. → 4 2 3 7 9
2. 십의 자리에 8을 먼저 쓰고, 높은 자리에 큰 수부터 차례대로 씁니다. → 6 4 3 8 0
3. 천의 자리에 5를 먼저 쓰고, 높은 자리에 작은 수부터 차례대로 씁니다. 단, 0은 가장 높은 자리에 올 수 없습니다. → 1 5 0 2 8

DAY 5

19쪽
20쪽

연산 UP

(위에서부터) 10, 천, 십만, 1000000, 100000000, 10000000000, 천억, 십조, 100000000000000

응용 UP

1	1	일
1 0	10	십
1 0 0	100	백
1 0 0 0	1000	천
1 0 0 0 0	1만	만
1 0 0 0 0 0	10만	십만
1 0 0 0 0 0 0	100만	백만
1 0 0 0 0 0 0 0	1000만	천만
1 0 0 0 0 0 0 0 0	1억	억
1 0 0 0 0 0 0 0 0 0	10억	십억
1 0 0 0 0 0 0 0 0 0 0	100억	백억
1 0 0 0 0 0 0 0 0 0 0 0	1000억	천억
1 0 0 0 0 0 0 0 0 0 0 0 0	1조	조
1 0 0 0 0 0 0 0 0 0 0 0 0 0	10조	십조
1 0 0 0 0 0 0 0 0 0 0 0 0 0 0	100조	백조
1 0 0 0 0 0 0 0 0 0 0 0 0 0 0 0	1000조	천조

일 → 천: 100배
만 → 억: 10000배
백억 → 십조: 1000배
백조 → 천조: 10배

DAY 6

21쪽
22쪽

연산 UP

1. 4291조 2101억 9847만 7360
   사천이백구십일조 이천백일억 구천팔백사십칠만 칠천삼백육십
2. 319억 574만 6625
   삼백십구억 오백칠십사만 육천육백이십오
3. 20조 671억 1429만 8563
   이십조 육백칠십일억 천사백이십구만 팔천오백육십삼
4. 6622조 8045억 9500만 3015
   육천육백이십이조 팔천사십오억 구천오백만 삼천십오
5. 902조 225억 1863만 4790
   구백이조 이백이십오억 천팔백육십삼만 사천칠백구십

응용 UP

1. 십만 삼백육십삼
2. 오천백칠십팔만 오백칠십구
3. 일조 칠천이백팔억 구천만

DAY 7

23쪽
24쪽

연산 UP

1. 3368조 1320억 904만 5681 / 3368132009045681
2. 1963조 330억 2624만 32 / 1963033026240032
3. 4291조 2101억 9847만 7360 / 4291210198477360
4. 53조 3469억 703만 6008 / 53346907036008
5. 2002조 1728억 712만 20 / 2002172807120020

응용 UP

1. 25499884
2. 331002651
3. 145934462
4. 83783942

DAY 8

25쪽
26쪽

연산 UP

1. 1234조 423억 7071만 332

1	2	3	4	0	4	2	3	7	0	7	1	0	3	3	2

2. 45조 4731억 5815만 234

		4	5	4	7	3	1	5	8	1	5	0	2	3	4

3. 2846조 6070억 715만 330

2	8	4	6	6	0	7	0	0	7	1	5	0	3	3	0

4. 845조 41억 105만 4785

	8	4	5	0	0	4	1	0	1	0	5	4	7	8	5

응용 UP

1. 503690
2. 6000005490000
3. 3926500000
4. 37100002806

DAY 9

27쪽
28쪽

연산 UP

(위에서부터)

1 4, 2, 3, 5, 4, 7

2 7, 1, 2, 9, 7, 1, 5

3 5, 0, 2, 9, 7, 0, 1

4 8, 0, 7, 8, 1, 2, 4

응용 UP

1 20000112, 이천만 백십이

2 20011011, 이천일만 천십일

3 10300020, 천삼십만 이십

DAY 10

29쪽
30쪽

연산 UP

1 3000

2 600

3 30

4 3000000000

5 700000000000

6 50000000000000

7 80000000

8 30000

9 2000000

10 200000

11 90000000

12 1000000

13 90000000

14 40000000000000

응용 UP

1 700000

2 300000

3 20000000

4 100000

5 900

6 7000

7 60000

8 5000000

DAY 11

31쪽
32쪽

연산 UP

1 76300, 78300

2 2179805, 5179805

3 3049억, 3149억

4 4720만, 4920만

5 96837500, 96857500

6 735조, 755조

응용 UP

1 135억

2 52300000

3 12만 원

4 4개월 후

응용 UP

1 35억 → 60억 → 85억 → 110억 → 135억

2 42300000 → 44300000 → 46300000 → 48300000 → 50300000 → 52300000

3 3만 원 → 6만 원 → 9만 원 → 12만 원

4 1개월 후: 20000원, 2개월 후: 40000원, 3개월 후: 60000원, 4개월 후: 80000원

DAY 12

33쪽
34쪽

연산 UP

1 <
2 >
3 <
4 <
5 >
6 <
7 <
8 <
9 >
10 >
11 >
12 <
13 <
14 >

응용 UP

1 수성
2 영국
3 브라질
4 선호

응용 UP

1 수성에서 태양까지의 거리: 5800만 km, 지구에서 태양까지의 거리: 1억 5000만 km
→ 5800만 < 1억 5000만

2 2조 8252억 > 2조 7263억

3 브라질: 8515770 km^2
멕시코: 196만 4375 km^2 → 1964375 km^2
→ 8515770 > 1964375

4 선호: 만 삼천오 걸음 → 13005 걸음
지우: 10345 걸음
→ 13005 > 10345

DAY 13

35쪽
36쪽

1 (1) 85692 (2) 42809

2 (1) 64339384260071 또는 64조 3393억 8426만 71
(2) 9791189426712 또는 9조 7911억 8942만 6712

3 (1) 이백사십일억 육천이백이십만 사백칠십구 (2) 이십억 오천사백칠십구만 이천삼십삼

4 (1) 6 (2) 6000000

5 (1) < (2) >

6 147508963000200원 또는 147조 5089억 6300만 200원

7 ㉯ 도시

8 301267

9 4, 5, 6, 7, 8, 9

7 275462 < 279203 → ㉯ 도시의 인구가 더 많습니다.
(5<9)

8 십만의 자리에 3을 먼저 쓰고, 높은 자리에 작은 수부터 차례대로 쓰면 301267입니다.

9 천만, 백만, 십만, 만의 자리 수가 모두 같고, 백의 자리 수가 1<3이므로 24654101<2465□330이려면 □는 4보다 크거나 같아야 합니다. 따라서 □ 안에 들어갈 수 있는 수는 4, 5, 6, 7, 8, 9입니다.

02 곱셈

DAY 14

41쪽
42쪽

연산 UP

1 18000
2 6000
3 7000
4 36000
5 18000
6 72000
7 28000
8 4000
9 20000
10 36000
11 4500
12 56000
13 120000
14 48000
15 2000
16 14000

응용 UP

1 800개
2 15000 mL
3 8000원
4 600개

응용 UP 1 $20 \times 40 = 800$ 2 $500 \times 30 = 15000$ 3 $100 \times 80 = 8000$ 4 $20 \times 30 = 600$

DAY 15

43쪽
44쪽

연산 UP

1 420, 4200
2 2600, 26000
3 3950, 39500
4 3780, 37800
5 7840, 78400
6 6650, 66500
7 2580, 25800
8 1020, 10200
9 2400, 24000
10 1830, 18300

응용 UP

1 4480
44800
4480
448000

2 1770
17700
177000
1770

3 1850
1850
18500
18500

4 1520
1520
15200
152000

5 5200
52000
5200
520000

6 4400
4400
440
440

DAY 16

45쪽
46쪽

연산 UP

1 18000
2 56000
3 72000
4 15300
5 34400
6 8480
7 5340
8 37890
9 15600
10 14580
11 37150
12 51720
13 4840
14 36190
15 19760

응용 UP

1 2680
2 2000
3 2300
4 940
5 15600

응용 UP

1 $134\times20=2680$
2 $200\times10=2000$
3 $23\times100=2300$
4 $47\times20=940$
5 $312\times50=15600$

DAY 17

47쪽
48쪽

연산 UP

1 4905
2 20332
3 14352
4 5808
5 12528
6 31931
7 29697
8 20304
9 18849
10 7584
11 10912
12 14703

응용 UP

1

		3	1	8
×			1	4
	1	2	7	2
		3	1	8
	1	5	9	0

➡

		3	1	8
×			1	4
	1	2	7	2
	3	1	8	0
	4	4	5	2

3

		3	5	4
×			5	0
	1	7	7	0

➡

		3	5	4
×			5	0
1	7	7	0	0

2

		5	0	6
×			8	3
	1	5	1	8
	4	0	4	8
	5	5	6	6

➡

		5	0	6
×			8	3
	1	5	1	8
4	0	4	8	0
4	1	9	9	8

4

		6	5	6
×			8	6
	3	9	3	6
5	1	3	8	0
5	5	3	1	6

➡

		6	5	6
×			8	6
	3	9	3	6
5	2	4	8	0
5	6	4	1	6

DAY 18

49쪽 50쪽

연산 UP

1 12964
2 5290
3 36288
4 6974
5 14300
6 12987
7 5808
8 28391
9 39615
10 39061
11 13575
12 17750

응용 UP

1 3060 g
2 5676 mL
3 6840 g
4 10680장

응용 UP

1 $255\times12=3060$

2 $473\times12=5676$

3 $285\times24=6840$

4 2시간은 120분, $120\times89=10680$

DAY 19

51쪽 52쪽

연산 UP

1 7150
2 12325
3 46512
4 47684
5 9625
6 45472
7 17589
8 12672
9 5520
10 4224
11 5430
12 10971

응용 UP

1 (위에서부터) 4, 9, 6
2 (위에서부터) 5, 7, 4
3 (위에서부터) 2, 8, 1, 1
4 (위에서부터) 3, 3, 6, 3
5 (위에서부터) 2, 8, 4
6 (위에서부터) 5, 9, 0, 9, 5

응용 UP

2

		①	3	9
×			2	7
	3	②	7	3
1	0	7	8	0
1	③	5	5	3

①$39\times20=10780$, ①$=5$

$539\times7=3773$, ②$=7$

$3773+10780=14553$,

③$=4$

3

		3	①	8
×			3	4
	1	3	1	2
	9	②	4	0
③	④	1	5	2

3①$8\times4=1312$, ①$=2$

$328\times30=9840$, ②$=8$

$1312+9840=11152$,

③$=1$, ④$=1$

4

		5	6	①
×			②	7
	3	9	4	1
1	③	8	9	0
2	0	8	④	1

56①$\times7=3941$, ①$=3$

$3941+1$③$890=208$④$1$,

④$=3$, ③$=6$

$563\times$②$0=16890$, ②$=3$

5

		1	①	8
×			3	4
		5	1	2
	3	②	4	0
	③	3	5	2

1①$8\times4=512$, ①$=2$

$128\times30=3840$, ②$=8$

$512+3840=4352$, ③$=4$

6

		1	1	3
×			8	①
		5	6	5
	②	③	4	0
	④	6	0	⑤

$113\times$①$=565$, ①$=5$

$113\times80=9040$, ②$=9$, ③$=0$

$565+9040=9605$,

④$=9$, ⑤$=5$

DAY 20

53쪽
54쪽

연산 UP

1	22099	5	32330	9	9135
2	9073	6	24552	10	15688
3	69300	7	43132	11	21406
4	8676	8	6960	12	33152

응용 UP

1	13700원
2	2840원
3	432 g

응용 UP

1. 설거지를 해서 받은 용돈: $500 \times 12 = 6000$(원), 방 청소를 해서 받은 용돈: $700 \times 11 = 7700$(원)
받은 용돈: $6000 + 7700 = 13700$(원)
2. 마트에서 산 초콜릿의 가격: $780 \times 22 = 17160$(원), 거스름돈: $20000 - 17160 = 2840$(원)
3. 24명이 케이크를 만드는 데 필요한 버터의 양: $128 \times 24 = 3072$ (g)
24명이 쿠키를 만드는 데 필요한 버터의 양: $110 \times 24 = 2640$ (g)
→ $3072 - 2640 = 432$(g)

DAY 21

55쪽
56쪽

연산 UP

1	14080	5	16005	9	11680
2	18224	6	23347	10	31204
3	19872	7	13580	11	4878
4	33418	8	16488	12	12532

응용 UP

1	9180
2	6642
3	17460
4	9690

응용 UP

2. $1<2<3<4<5$
가장 작은 세 자리 수: 작은 수부터 차례로 쓰면 123입니다.
가장 큰 두 자리 수: 큰 수부터 차례로 쓰면 54입니다.
→ $\boxed{1\,2\,3} \times \boxed{5\,4} = 6642$
3. $0<2<3<7<8$
가장 큰 세 자리 수: 큰 수부터 차례로 쓰면 873입니다.
가장 작은 두 자리 수: 0이 맨 앞자리에 올 수 없으므로 작은 수부터 차례로 쓰면 20입니다.
→ $\boxed{8\,7\,3} \times \boxed{2\,0} = 17460$
4. $0<1<2<5<9$
가장 작은 세 자리 수: 0이 맨 앞자리에 올 수 없으므로 102입니다.
가장 큰 두 자리 수: 큰 수부터 차례로 쓰면 95입니다.
→ $\boxed{1\,0\,2} \times \boxed{9\,5} = 9690$

1 (1) 40×200에 ○표 (2) 24×10에 ○표

2 (1) 21000 (2) 9480 (3) 8232
(4) 11308 (5) 11529 (6) 38024
(7) 12800 (8) 51435 (9) 33326

3 15000원

4 3675개

5 (1) (위에서부터) 5, 7, 8, 5 (2) (위에서부터) 1, 4, 7, 3, 2

6 41229

1 (1) $40 \times 20 = 800$, $80 \times 10 = 800$, $8 \times 100 = 800$, $40 \times 200 = 8000$, $2 \times 400 = 800$
(2) $80 \times 30 = 2400$, $60 \times 40 = 2400$, $24 \times 10 = 240$, $12 \times 200 = 2400$, $300 \times 8 = 2400$

3 6월 한 달: 30일, $500 \times 30 = 15000$(원)

4 한아네 모둠 5명이 하루에 접는 종이학 수: $35 \times 5 = 175$(개)
3주일은 21일이므로 3주일 동안 한아네 모둠 학생들이 접은 종이학은 모두 $175 \times 21 = 3675$(개)입니다.

5 (1)

		7	8	①
×			2	3
	2	3	5	5
1	5	②	0	0
1	③	0	④	5

$78①\times 3 = 2355$, $① = 5$
$785 \times 20 = 15700$, $② = 7$
$2355 + 15700 = 18055$, $③ = 8$, $④ = 5$

(2)

		4	①	2
×			5	6
	2	②	③	2
2	0	6	0	0
2	④	0	7	⑤

$4①2 \times 50 = 20600$, $① = 1$
$412 \times 6 = 2472$, $② = 4$, $③ = 7$
$2472 + 20600 = 23072$, $④ = 3$, $⑤ = 2$

6 빨간색 수 카드로 만들 수 있는 가장 작은 세 자리 수: 509
초록색 수 카드로 만들 수 있는 가장 큰 두 자리 수: 81
→ $509 \times 81 = 41229$

03 나눗셈

DAY 23

63쪽
64쪽

연산 UP

1 4, 4
2 8, 8
3 9, 9
4 7, 7
5 3, 3
6 6, 6
7 5, 5
8 8, 8
9 5, 5
10 9, 9
11 9, 9
12 8, 8

응용 UP

(왼쪽에서부터)

1 30, 20, 10
2 20, 40, 10
3 10, 5, 4
4 90, 10, 30

응용 UP

1 $600 \div 20 = 60 \div 2 = 30$
$600 \div 30 = 60 \div 3 = 20$
$600 \div 60 = 60 \div 6 = 10$

2 $800 \div 40 = 80 \div 4 = 20$
$800 \div 20 = 80 \div 2 = 40$
$800 \div 80 = 80 \div 8 = 10$

3 $200 \div 20 = 20 \div 2 = 10$
$200 \div 40 = 20 \div 4 = 5$
$200 \div 50 = 20 \div 5 = 4$

4 $900 \div 10 = 90 \div 1 = 90$
$900 \div 90 = 90 \div 9 = 10$
$900 \div 30 = 90 \div 3 = 30$

DAY 24

65쪽
66쪽

연산 UP

1 9
2 8
3 4
4 6
5 8
6 5
7 7
8 9
9 6
10 2
11 70
12 5

응용 UP

1 진수
2 진희
3 태주
4 소미

응용 UP

1 $420 \div 60 = 7$, $450 \div 90 = 5$
2 $280 \div 70 = 4$, $400 \div 80 = 5$
3 $560 \div 70 = 8$, $350 \div 70 = 5$
4 $540 \div 60 = 9$, $480 \div 80 = 6$

DAY 25

67쪽 68쪽

연산 UP

1. 9···38
2. 7···25
3. 9···36
4. 7···18
5. 6···8
6. 9···44
7. 6···8
8. 7···39
9. 3···15
10. 8···13
11. 6···63
12. 9···49

응용 UP

1. 9:35
2. 12:55
3. 7:45

응용 UP

1. 215÷60=3···35 → 6시+3시간 35분=9시 35분
2. 415÷60=6···55 → 6시+6시간 55분=12시 55분
3. 105÷60=1···45 → 6시+1시간 45분=7시 45분

DAY 26

69쪽 70쪽

연산 UP

1. 2···1
2. 3
3. 2
4. 5···9
5. 2···7
6. 2···9
7. 1···35
8. 3
9. 2···25
10. 1···18
11. 2···9
12. 5···4

응용 UP

1. 4봉지, 0개
2. 6상자, 6개
3. 4개
4. 5일

응용 UP

1. 56÷14=4
2. 90÷14=6···6
3. 75÷17=4···7
4. 86÷21=4···2

DAY 27

71쪽 72쪽

연산 UP

1. 8···59
2. 6···25
3. 7···3
4. 9···25
5. 5···10
6. 9···7
7. 7···24
8. 6···33
9. 9···21
10. 5···86
11. 4···43
12. 4···6

응용 UP

1. 67
2. 70
3. 96
4. 99
5. 84
6. 214
7. 313

응용 UP

1. 24×2=48, 48+19=67
2. 19×3=57, 57+13=70
3. 11×8=88, 88+8=96
4. 21×4=84, 84+15=99
5. 32×2=64, 64+20=84
6. 28×7=196, 196+18=214
7. 44×7=308, 308+5=313

DAY 28

73쪽
74쪽

연산 UP

1. 28…13
2. 15…15
3. 10…9
4. 20…20
5. 37…21
6. 12…6
7. 17…47
8. 10…26
9. 74…6

응용 UP

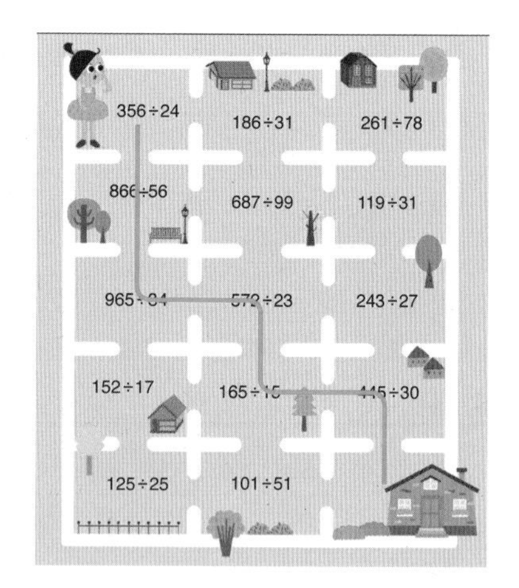

DAY 29

75쪽
76쪽

연산 UP

1. 24…10
2. 18
3. 23…7
4. 30…4
5. 46…4
6. 11
7. 50…8
8. 13…35
9. 62…10

응용 UP

(위에서부터)

1. 9, 2, 0, 4, 0
2. 7, 4, 5, 4, 5, 6
3. 9, 3, 6, 6, 3
4. 1, 2, 0, 8, 2
5. 9, 6, 5, 7, 1, 3
6. 4, 0, 4, 9

응용 UP

1

```
      1 ①
4②)8 0 ③
   ④ 2
   3 8 ⑤
   3 7 8
       2
```

38⑤−378=2, ⑤=0
③=⑤=0
80−④2=38, ④=4
4②×1=42, ②=2
42×①=378, ①=9

2

```
      1 ①
2②)4 2 ③
   2 ④
   1 8 ⑤
   1 ⑥ 8
     1 7
```

42−2④=18, ④=4
2②×1=24, ②=4
18⑤−1⑥8에서 1⑤−8=7 이므로 ⑤=5, ③=5
185−1⑥8=17이므로 ⑥=6,
24×①=168, ①=7

3

```
       1 ①
② 7)7 3 ③
    3 7
    3 ④ 6
    3 3 3
      ⑤ 3
```

②7×1=37, ②=3
37×①=333, ①=9
73③−370=3④6,
③=6, ④=6
366−333=⑤3, ⑤=3

4

```
       2 ①
② 8)5 9 ③
    5 6
      3 0
      2 ④
        ⑤
```

②8×2=56, ②=2
③=0, 30에 28이 1번 들어가므로 ①=1,
28×1=28, ④=8
30−28=2, ⑤=2

5

```
        2 8
3 4)① 6 5
    ② 8
    2 8 ③
    2 ④ 2
      ⑤ ⑥
```

③=5, 34×2=68,
②=6
①6−68=28, ①=9
34×8=272, ④=7
285−272=13,
⑤=1, ⑥=3

6

```
      ① 4
2②)8 9 ③
   8 0
     ④ 4
     8 0
     1 4
```

2②×4=80, ②=0
20×①=80, ①=4
③=4,
894−800=④4, ④=9

DAY 30

77쪽 78쪽

연산 UP

1 21…21
2 7…27
3 65…5
4 19…11
5 8…49
6 72
7 44
8 8…24
9 12…4

응용 UP

1 6일 1시간
2 17개
3 11명
4 21판, 16개

응용 UP

1 $145 \div 24 = 6 \cdots 1$

2 $659 \div 55 = 11 \cdots 54$, $330 \div 55 = 6 \rightarrow 11 + 6 = 17$(개)

3 $15 \times 37 = 555$, $555 \div 50 = 11 \cdots 5$

4 $10 \times 52 = 520$, $520 \div 24 = 21 \cdots 16$

DAY 31

79쪽 80쪽

연산 UP

1 24…10
2 20…31
3 4…4
4 41…12
5 6
6 11…24
7 3
8 19…2
9 21…15

응용 UP

1

```
      1 0 2                1 2
53 ) 6 3 9          53 ) 6 3 9
     5 3                 5 3
     1 0 9       ➡       1 0 9
     1 0 6               1 0 6
         3                   3
```

2

```
          3                3 0
23 ) 6 9 8          23 ) 6 9 8
     6 9         ➡       6 9
         8                   8
```

3

```
        3 1                3 1
17 ) 5 4 3          17 ) 5 4 3
     5 1                 5 1
       3 3       ➡         3 3
       1 7                 1 7
       1 4                 1 6
```

DAY 32

81쪽 82쪽

연산 UP

1 3…8
2 7…2
3 10…13
4 3…13
5 8…2
6 4…25
7 6…9
8 9…13
9 11…34

응용 UP

1 14상자, 11개
2 새콤 마트
3 40명

응용 UP

2 달콤 마트에서 살 때 젤리 1개당 가격: $800 \div 25 = 32$ (원)
새콤 마트에서 살 때 젤리 1개당 가격: $850 \div 34 = 25$ (원)

3 $15 \times 32 = 480$, $480 \div 12 = 40$

DAY 33

83쪽
84쪽

연산 UP

1. 30
2. 53
3. 18
4. 47
5. 16
6. 30
7. 21
8. 23
9. 41
10. 25
11. 40
12. 34
13. 52
14. 26

응용 UP

(위에서부터)

1. 13, 63
2. 584, 73
3. 35, 945
4. 13, 13
5. 26, 24
6. 608, 16
7. 37, 999
8. 31, 31

연산 UP

1. $930 \div 31 = 30$
2. $848 \div 16 = 53$
3. $432 \div 24 = 18$
4. $658 \div 14 = 47$
5. $720 \div 45 = 16$
6. $810 \div 27 = 30$
7. $693 \div 33 = 21$
8. $782 \div 34 = 23$
9. $615 \div 15 = 41$
10. $500 \div 20 = 25$
11. $440 \div 11 = 40$
12. $952 \div 28 = 34$
13. $624 \div 12 = 52$
14. $884 \div 34 = 26$

응용 UP

1. $\square = 819 \div 63 = 13$
2. $\square = 8 \times 73 = 584$
3. $\square = 27 \times 35 = 945$
4. $546 \div \square = 42$
   $\square = 546 \div 42 = 13$
5. $\square = 624 \div 24 = 26$
6. $\square = 38 \times 16 = 608$
7. $\square = 27 \times 37 = 999$
8. $403 \div \square = 13$
   $\square = 403 \div 13 = 31$

DAY 34

85쪽
86쪽

연산 UP

1. 615
2. 903
3. 297
4. 364
5. 405
6. 860
7. 425
8. 441
9. 350
10. 924
11. 706
12. 654
13. 580
14. 847

응용 UP

1. 1147
2. 707
3. 60
4. 4

연산 UP

1. 15×41=615
2. 43×21=903
3. 11×27=297
4. 26×14=364
5. 81×5=405
6. 20×43=860
7. 25×17=425
8. 11×40=440, 440+1=441
9. 61×5=305, 305+45=350
10. 30×30=900, 900+24=924
11. 33×21=693, 693+13=706
12. 52×12=624, 624+30=654
13. 41×14=574, 574+6=580
14. 27×31=837, 837+10=847

응용 UP

1. □÷32=35⋯27
   □: 32×35=1120, 1120+27=1147
2. □÷51=13⋯44
   □: 51×13=663, 663+44=707
3. □÷26=37⋯11
   □: 26×37=962, 962+11=973
   973÷16=60⋯13
4. □÷22=30⋯20
   □: 22×30=660, 660+20=680
   680÷52=13⋯4

DAY 35 87쪽 88쪽

1 (1) 5 (2) 5⋯23 (3) 21 (4) 8⋯76 (5) 30⋯4 (6) 63⋯8

2 (1) 7 (2) 5⋯31 (3) 7⋯3 (4) 15⋯33 (5) 24 (6) 14⋯15

3 (1) (위에서부터) 22, 33
(2) (위에서부터) 6, 6

4 7대

5 9, 35

6 (1) (위에서부터) 5, 3, 9, 6
(2) (위에서부터) 6, 6, 4, 5, 4, 3

---

3 (2) 192÷□=32 → □=192÷32=6

4 3학년 학생 수는 213+30=243(명)입니다.
243÷40=6⋯3이므로 적어도 버스는 7대 필요합니다.

5 □÷26=22⋯21 → □: 26×22=572, 572+21=593
바르게 계산하면 593÷62=9⋯35

6 (1)

```
        3 ①
1②) 4 6 3
      3 ③
      ----
        7 3
        ④ 5
      ----
          8
```

46−3③=7, ③=9
73−④5=8, ④=6
1②×3=39, ②=3
13×①=65, ①=5

(2)

```
          1 ①
5②) 9 0 ③
      ④ 6
      -----
        3 4 ⑤
      ⑥ 3 6
      -----
            8
```

90−④6=34, ④=5
5②×1=56, ②=6
34⑤−⑥36=8, ⑤=4, ⑥=3
⑤=4이므로 ③=4
56×①=336, ①=6

04 각도

DAY 36

93쪽
94쪽

연산 UP

1	3	5	1
2	0	6	1
3	2	7	4
4	3	8	3

응용 UP

1 11개
2 9개
3 5개
4 2개

응용 UP

1
- 각 1개로 이루어진 예각: 6개
- 각 2개로 이루어진 예각: 5개
- 각 3개로 이루어진 예각: 0개

→ $6+5=11$(개)

2
- 각 1개로 이루어진 예각: 5개
- 각 2개로 이루어진 예각: 4개
- 각 3개로 이루어진 예각: 0개

→ $5+4=9$ (개)

3
- 각 1개로 이루어진 둔각: 0개
- 각 2개로 이루어진 둔각: 0개
- 각 3개로 이루어진 둔각: 3개
- 각 4개로 이루어진 둔각: 2개

→ $3+2=5$ (개)

4
- 각 1개로 이루어진 둔각: 0개
- 각 2개로 이루어진 둔각: 0개
- 각 3개로 이루어진 둔각: 2개

→ $0+0+2=2$ (개)

DAY 37

95쪽
96쪽

연산 UP

1	50°	9	55°
2	100°	10	85°
3	157°	11	75°
4	122°	12	195°
5	182°	13	168°
6	245°	14	90°
7	238°	15	127°
8	283°	16	47°

응용 UP

1 , 60

3  , 90

2  , 150

4  , 120

응용 UP

2 7시가 나타내는 각은 30°가 5번 → $30° \times 5=150°$

3 9시가 나타내는 각은 30°가 3번 → $30° \times 3=90°$

4 16시가 나타내는 각은 30°가 4번 → $30° \times 4=120°$

DAY 38

97쪽
98쪽

연산 UP

1 135

2 95

3 127

4 62

5 55

6 55

7 30

8 105

응용 UP

1 예

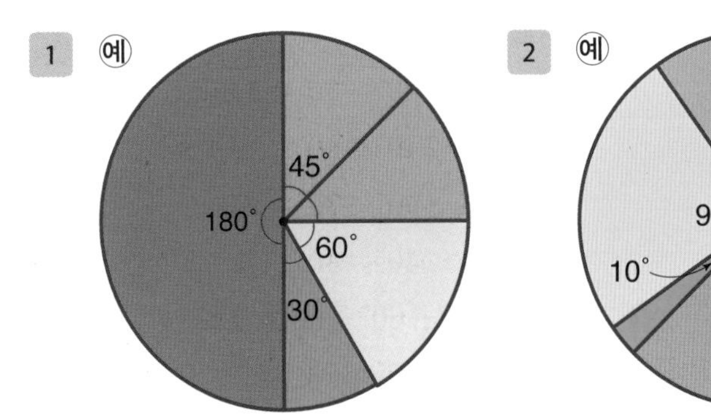

2 예

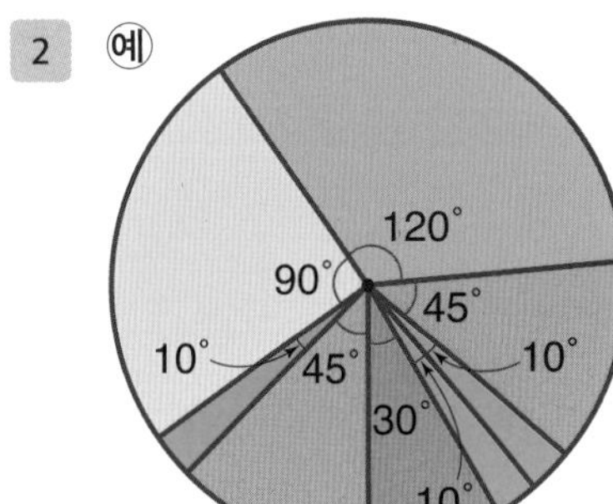

3 예

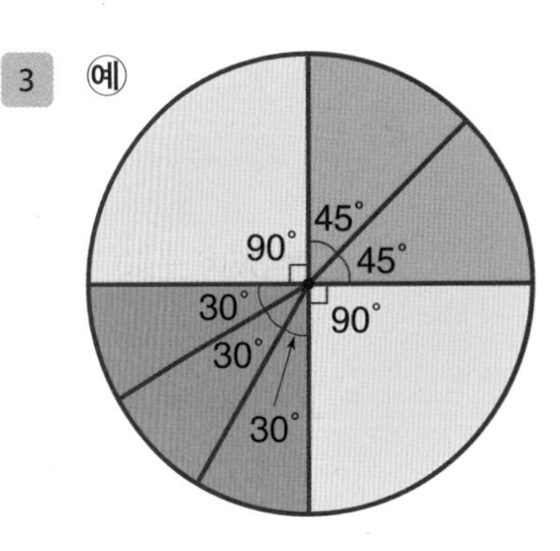

연산 UP

1 $\square=180^\circ-45^\circ=135^\circ$

2 $\square=180^\circ-85^\circ=95^\circ$

3 $\square=180^\circ-53^\circ=127^\circ$

4 $\square=180^\circ-118^\circ=62^\circ$

5 $\square=180^\circ-35^\circ-90^\circ=55^\circ$

6 $\square=180^\circ-115^\circ-10^\circ=55^\circ$

7 $\square=180^\circ-75^\circ-75^\circ=30^\circ$

8 $\square=180^\circ-25^\circ-50^\circ=105^\circ$

DAY 39

99쪽
100쪽

연산 UP

1 85

2 120

3 45

4 20

5 145

6 115

7 140

8 75

응용 UP

1 45

2 105

3 30

4 30

5 105

6 75

연산 UP

1 $\square=180^\circ-55^\circ-40^\circ=85^\circ$

2 $\square=180^\circ-20^\circ-40^\circ=120^\circ$

3 $\square=180^\circ-45^\circ-90^\circ=45^\circ$

4 $\square=180^\circ-40^\circ-120^\circ=20^\circ$

5 $180^\circ-30^\circ-115^\circ=35^\circ$, $\square=180^\circ-35^\circ=145^\circ$

6 $180^\circ-40^\circ-75^\circ=65^\circ$, $\square=180^\circ-65^\circ=115^\circ$

7 $180^\circ-80^\circ-60^\circ=40^\circ$, $\square=180^\circ-40^\circ=140^\circ$

8 $180^\circ-35^\circ-40^\circ=105^\circ$, $\square=180^\circ-105^\circ=75^\circ$

응용 UP

2 $\square=60^\circ+45^\circ=105^\circ$

3 $\square=180^\circ-60^\circ-90^\circ=30^\circ$

5 $\square=180^\circ-30^\circ-45^\circ=105^\circ$

6 $\square=180^\circ-45^\circ-60^\circ=75^\circ$

DAY 40

101쪽
102쪽

연산 UP

1 125
2 55
3 135
4 75
5 120
6 40
7 40
8 60

응용 UP

1 110°
2 50°
3 54°
4 50°

연산 UP

1 □$=360°-60°-75°-100°$
$=125°$

2 □$=360°-125°-35°-145°$
$=55°$

3 □$=360°-60°-115°-50°$
$=135°$

4 □$=360°-70°-95°-120°$
$=75°$

5 $360°-95°-140°-65°=60°$
□$=180°-60°=120°$

6 $360°-40°-90°-90°=140°$
□$=180°-140°=40°$

7 $360°-55°-90°-75°=140°$
□$=180°-140°=40°$

8 $360°-120°-60°-60°=120°$
□$=180°-120°=60°$

응용 UP

1

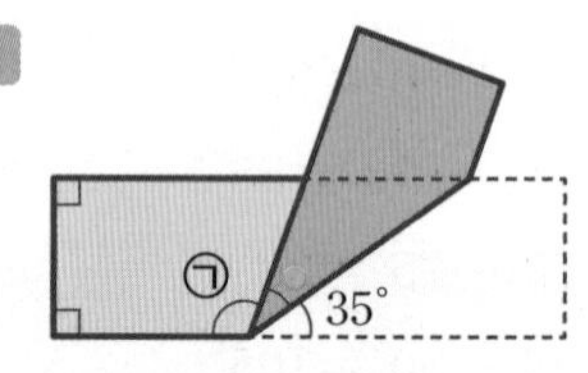

●$=35°$
㉠$=180°-35°-35°=110°$

2

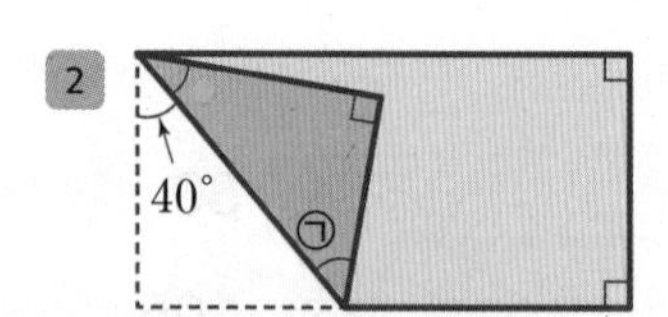

●$=40°$
㉠$=180°-40°-90°=50°$

3

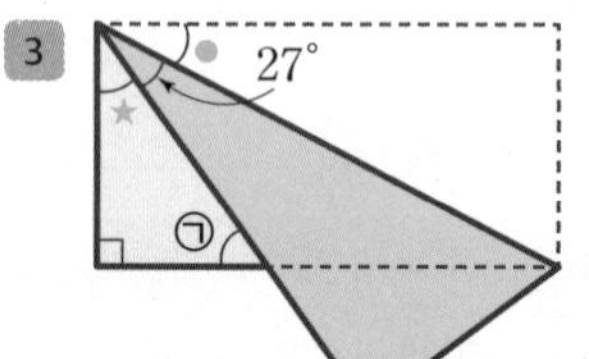

●$=27°$
★$=90°-27°-27°=36°$
㉠$=180°-36°-90°=54°$

4

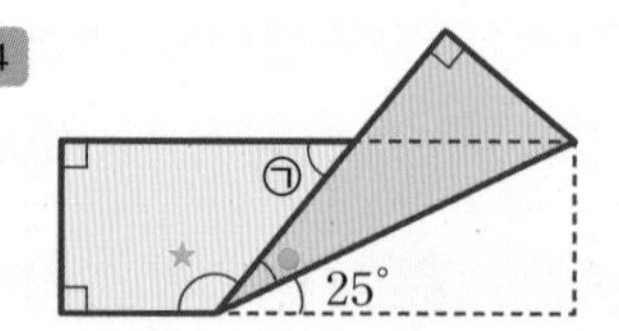

●$=25°$
★$=180°-25°-25°=130°$
㉠$=360°-90°-90°-130°=50°$

연산 UP		응용 UP
1 70	5 65	1 135°
2 25	6 145	2 60°
3 115	7 140	3 150°
4 70	8 90	4 50°

연산 UP

1 □$=180°-60°-50°=70°$

2 □$=180°-130°-25°=25°$

3 □$=360°-65°-50°-130°=115°$

4 □$=360°-110°-70°-110°=70°$

5 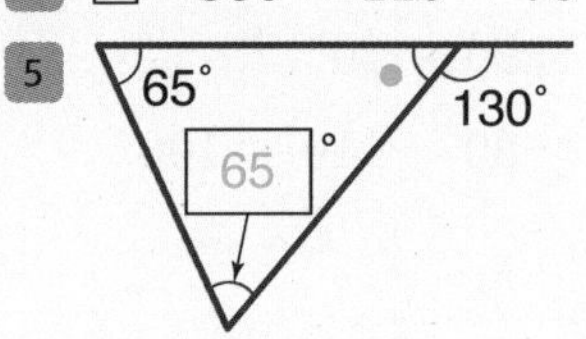

●$=180°-130°=50°$

□$=180°-65°-50°=65°$

6 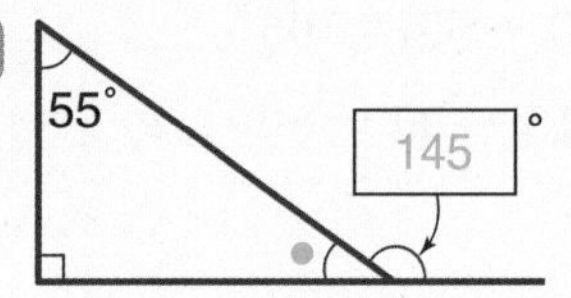

●$=180°-55°-90°=35°$

□$=180°-35°=145°$

7 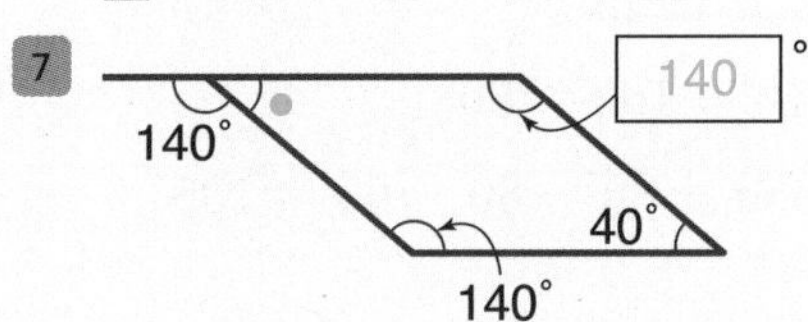

●$=180°-140°=40°$

□$=360°-40°-140°-40°=140°$

8 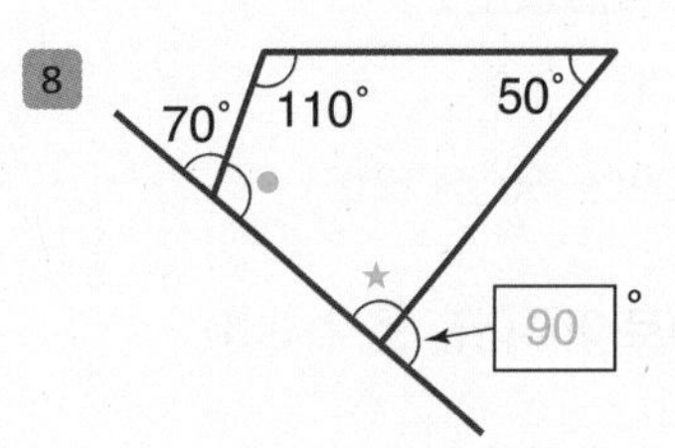

●$=180°-70°=110°$

★$=360°-110°-110°-50°=90°$

□$=180°-90°=90°$

응용 UP

1 삼각형의 세 각의 크기의 합은 $180°$

㉠+㉡$=180°-45°=135°$

2

●$=180°-140°=40°$

▲$=180°-20°-40°=120°$

㉠$=180°-120°=60°$

3 사각형의 네 각의 크기의 합은 $360°$

㉠+㉡$=360°-100°-110°=150°$

4 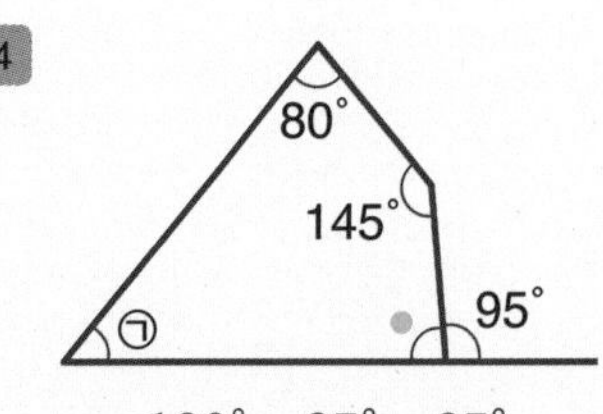

●$=180°-95°=85°$

㉠$=360°-80°-85°-145°=50°$

DAY 42

105쪽
106쪽

1	(1) 1, 4	(2) 2, 3				
2	(1) 180°	(2) 108°	(3) 164°	(4) 125°	(5) 142°	(6) 88°
3	(1) 105	(2) 20				
4	(1) 30	(2) 100				
5	(1) 110	(2) 135				
6	5개					
7	(1) 75	(2) 15				
8	(1) 35°	(2) 150°				

3 (1) $\square=180^\circ-20^\circ-55^\circ=105^\circ$ (2) $\square=180^\circ-70^\circ-90^\circ=20^\circ$

4 (1) $\square=180^\circ-115^\circ-35^\circ=30^\circ$ (2) $\square=360^\circ-70^\circ-80^\circ-110^\circ=100^\circ$

5 (1)

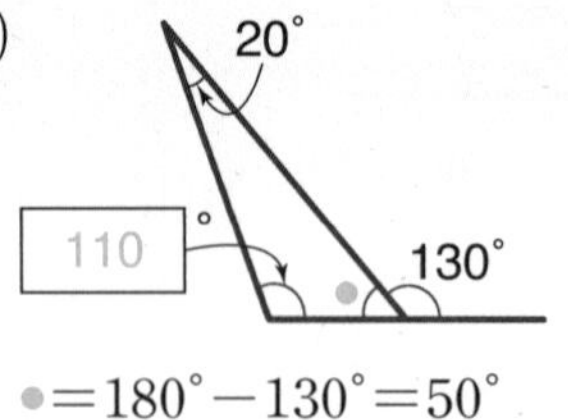

● $=180^\circ-130^\circ=50^\circ$

$\square=180^\circ-20^\circ-50^\circ=110^\circ$

(2)

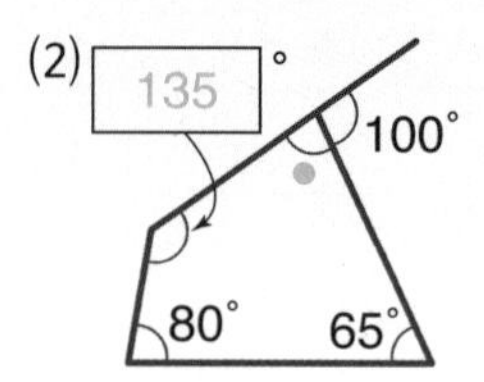

● $=180^\circ-100^\circ=80^\circ$

$\square=360^\circ-80^\circ-80^\circ-65^\circ=135^\circ$

6 각 4개( )로 이루어진 둔각: 3개,

각 5개( )로 이루어진 둔각: 2개

→ $3+2=5$(개)

7 (1) $\square=30^\circ+45^\circ=75^\circ$ (2) $\square=45^\circ-30^\circ=15^\circ$

8 (1) ㉠+㉡$=180^\circ-145^\circ=35^\circ$ (2) ㉠+㉡$=360^\circ-90^\circ-120^\circ=150^\circ$

05 평면도형의 이동

DAY 43

111쪽
112쪽

연산 UP

1 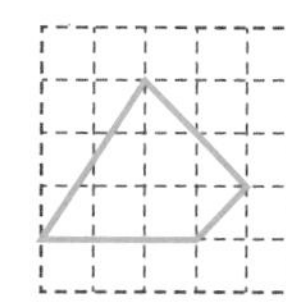

2

3 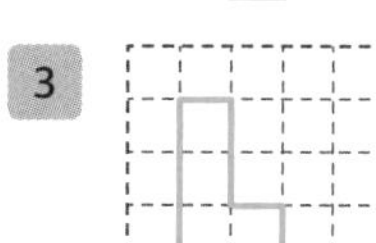  

4 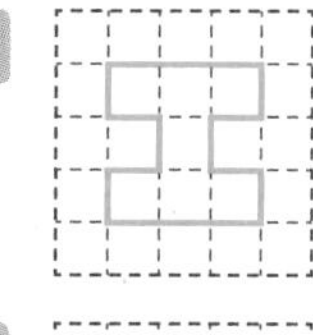

5 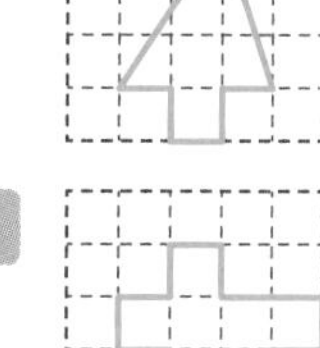

6

7 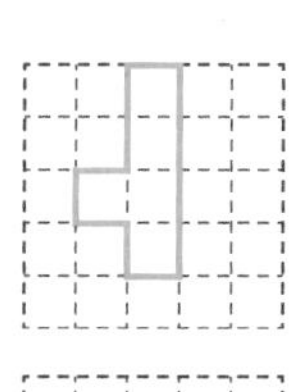

8

9 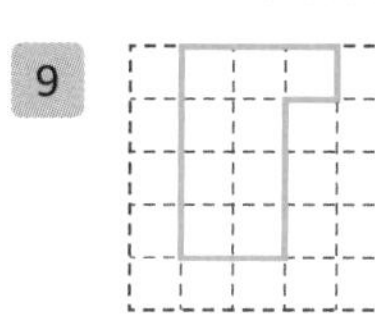

10 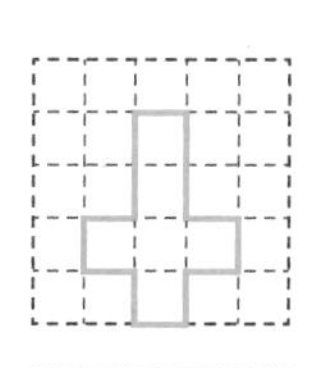

11

12  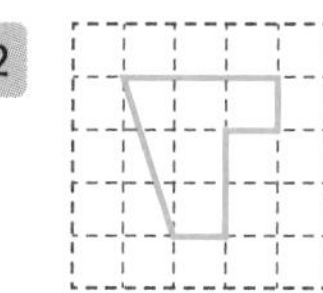

응용 UP

1 1380

2 1458

3 300

4 770

응용 UP

1 852를 오른쪽으로 뒤집은 수는 528입니다.
→ $852+528=1380$

2 18을 왼쪽으로 뒤집은 수는 81입니다.
→ $18\times81=1458$

3 281을 아래쪽으로 뒤집은 수는 581입니다.
→ $581-281=300$

4 250를 위쪽으로 뒤집은 수는 520입니다.
→ $250+520=770$

DAY 44

113쪽
114쪽

연산 UP

1

6

2

7

3

8

4

9

5

10

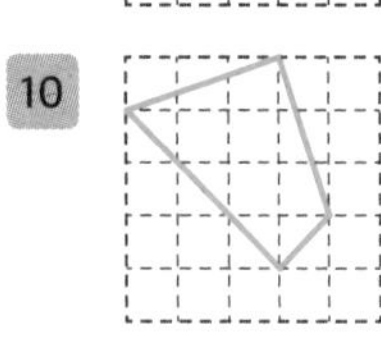

응용 UP

1 180, 2, 180, 2

2 90, 1, 270, 3

3 360, 4, 360, 4

DAY 45

115쪽
116쪽

연산 UP

(왼쪽에서부터)

1

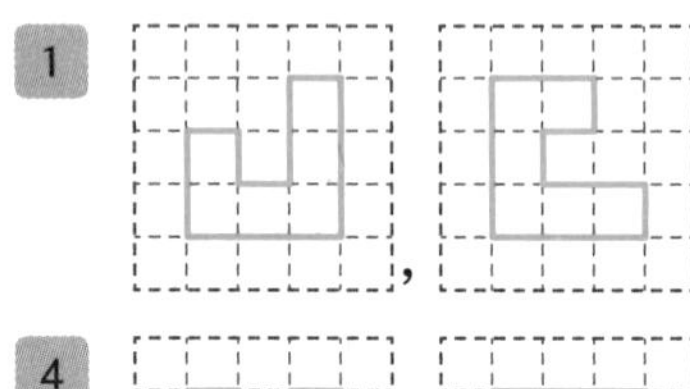

2

3

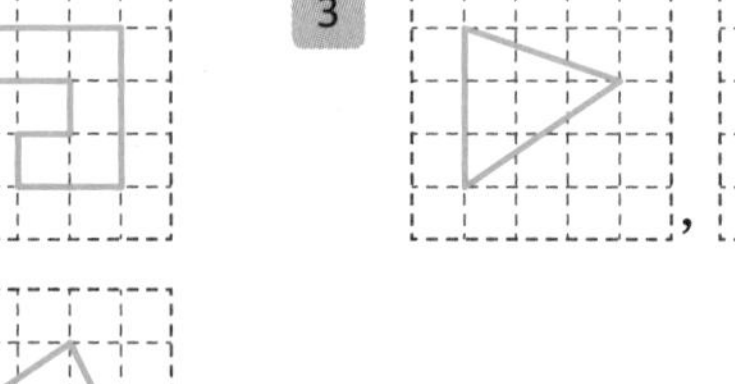

4

5

응용 UP

1 예)

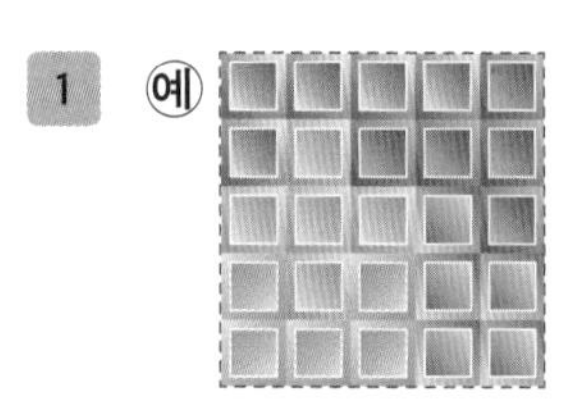

2 예)

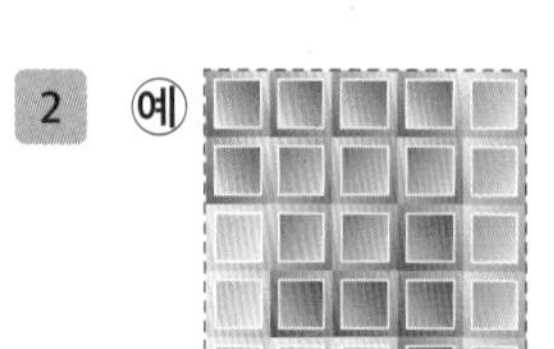

3 예)

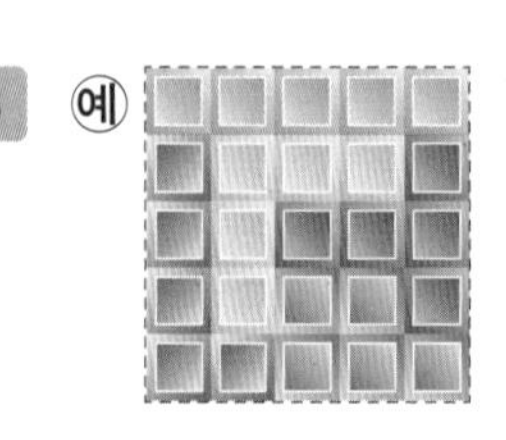

4 예)

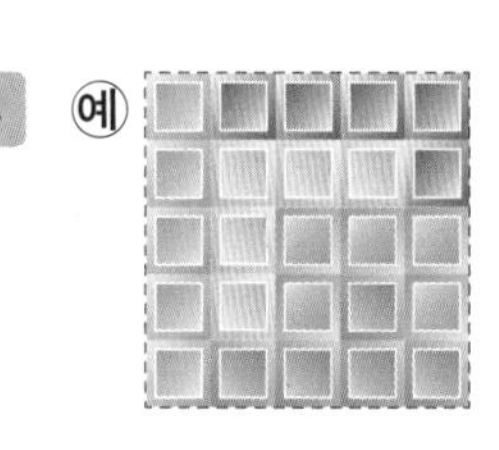

117쪽 118쪽

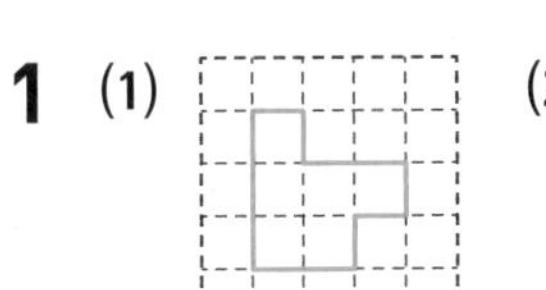

(2) 

2 (1) 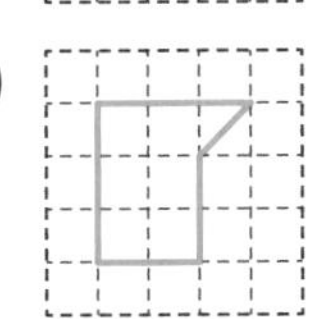 (2) (3) (4)

3 (1) 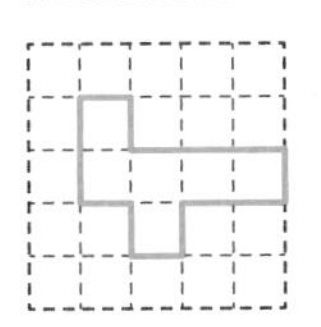 (2) (3) (4)

4 (1) 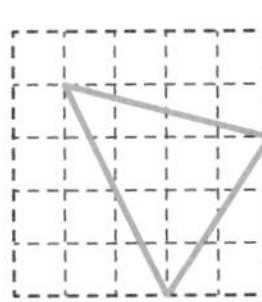 (2) (3) (4)

5 625

6 180, 2, 180, 2

4 (1) 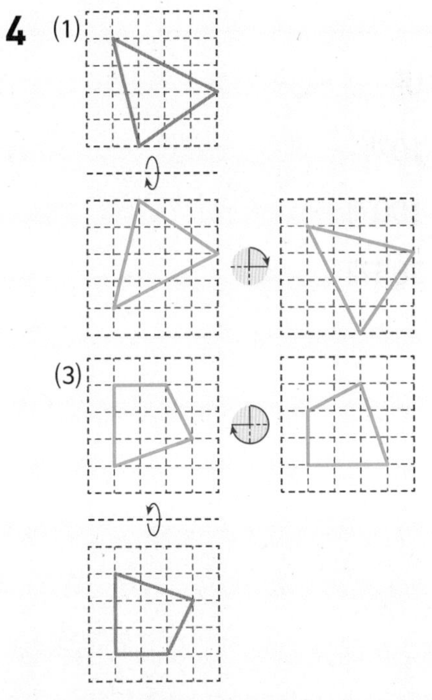

(2) 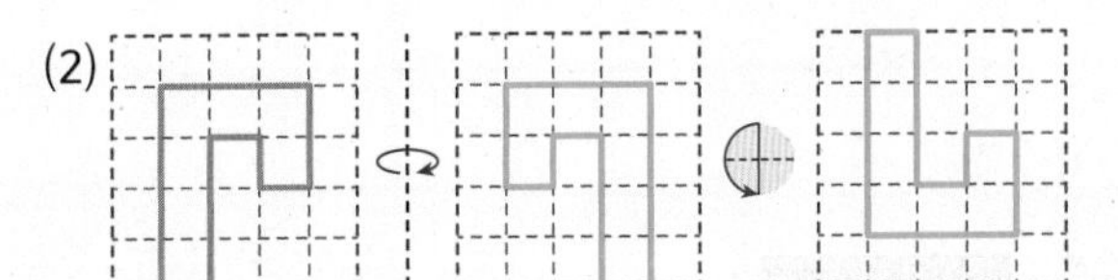

(4) 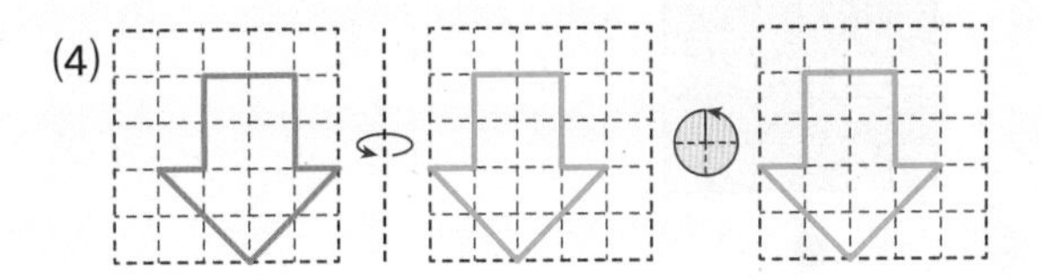

5 25를 왼쪽으로 뒤집은 수는 25입니다.

→ $25 \times 25 = 625$

06 규칙 찾기

DAY 47

123쪽
124쪽

연산 UP

(위에서부터)

1. 130, 240, 310, 430, 520
2. 712, 513, 311, 315, 114
3. 5400, 4300, 3100, 1000, 1200
4. 30131, 30321, 30401, 30411, 30541

응용 UP

(위에서부터)

1. 4, 4, 6, 7, 8, 6, 0
2. 4, 6, 6, 5, 4, 0
3. 8, 7, 1, 0, 9, 3, 2

DAY 48

125쪽
126쪽

연산 UP

1. 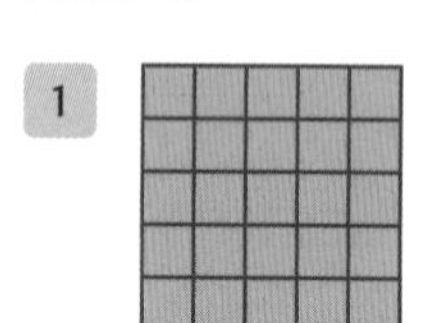
2. 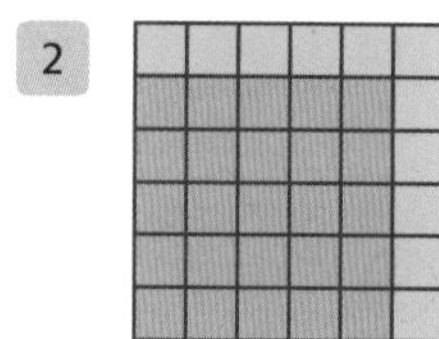
3. 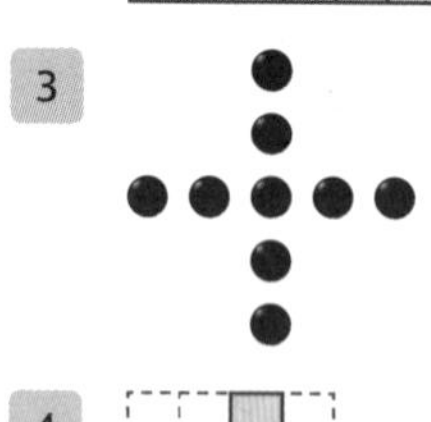
4. 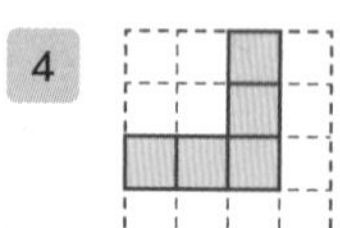

응용 UP

1. 19개
2. 100개
3. 385개

응용 UP

1. 쌓기나무가 1개에서 시작하여 오른쪽과 위쪽으로 각각 1개씩 늘어납니다.
   (열째에 필요한 쌓기나무 수)$=1+2+2+2+2+2+2+2+2+2=19$(개)
2. (열째에 필요한 쌓기나무 수)$=10\times10=100$(개)
3. (열째에 필요한 쌓기나무 수)$=1+4+9+16+25+36+49+64+81+100=385$(개)

DAY 49

127쪽 128쪽

연산 UP

1 $550+650=1200$

2 $937-533=404$

3 $22\times222222=4888884$

4 $123456+654321=777777$

5 $1150-450=700$

6 $3337\times15=50055$

응용 UP

1 예 (13) (14) (15)
→ $13+15=14\times2$

2 예 (9) (10)
(5) (6) → $5+10=6+9$

3 예 6 13 20 → $6+20=13\times2$

4 예
3
9 10 11 → $3+9+11+17=10\times4$
17

DAY 50

129쪽 130쪽

1 (1) (위에서부터) 4005, 3105, 1205, 5305, 2405
(2) (위에서부터) 9996, 9899, 9897, 9797, 9696, 9598, 9595

2 (1) 10 (2) 100 (3) 110

3
●●●●●●
●
●
●
●
●

4 (1) $99999\times9=899991$ (2) $704+705+706=705\times3$

5 1234567654321

3 바둑돌이 1개에서 시작하여 오른쪽과 아래쪽으로 각각 1개씩 늘어납니다.

• 메모 •

“ 오늘도 한 뼘 자랐습니다. ”

길벗스쿨